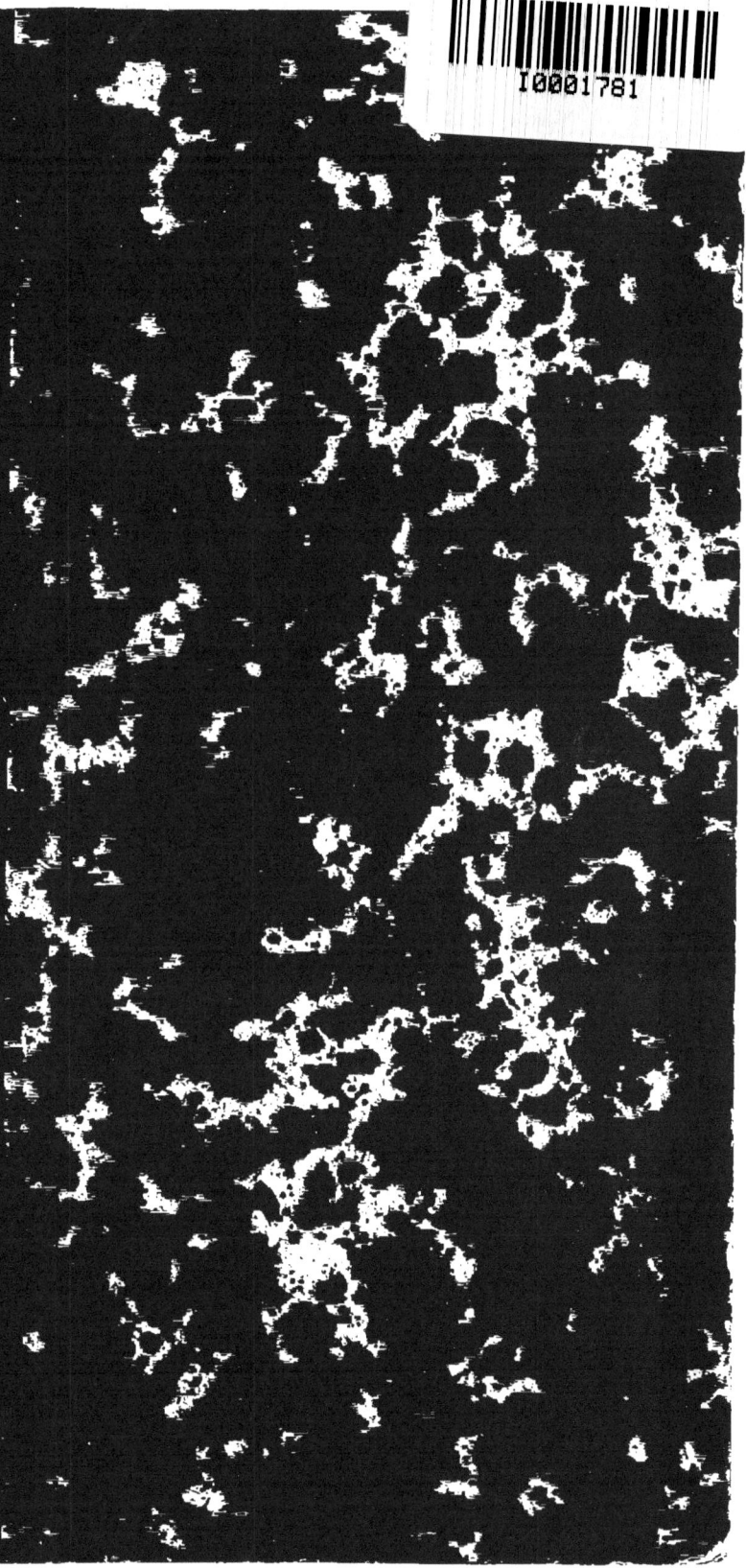

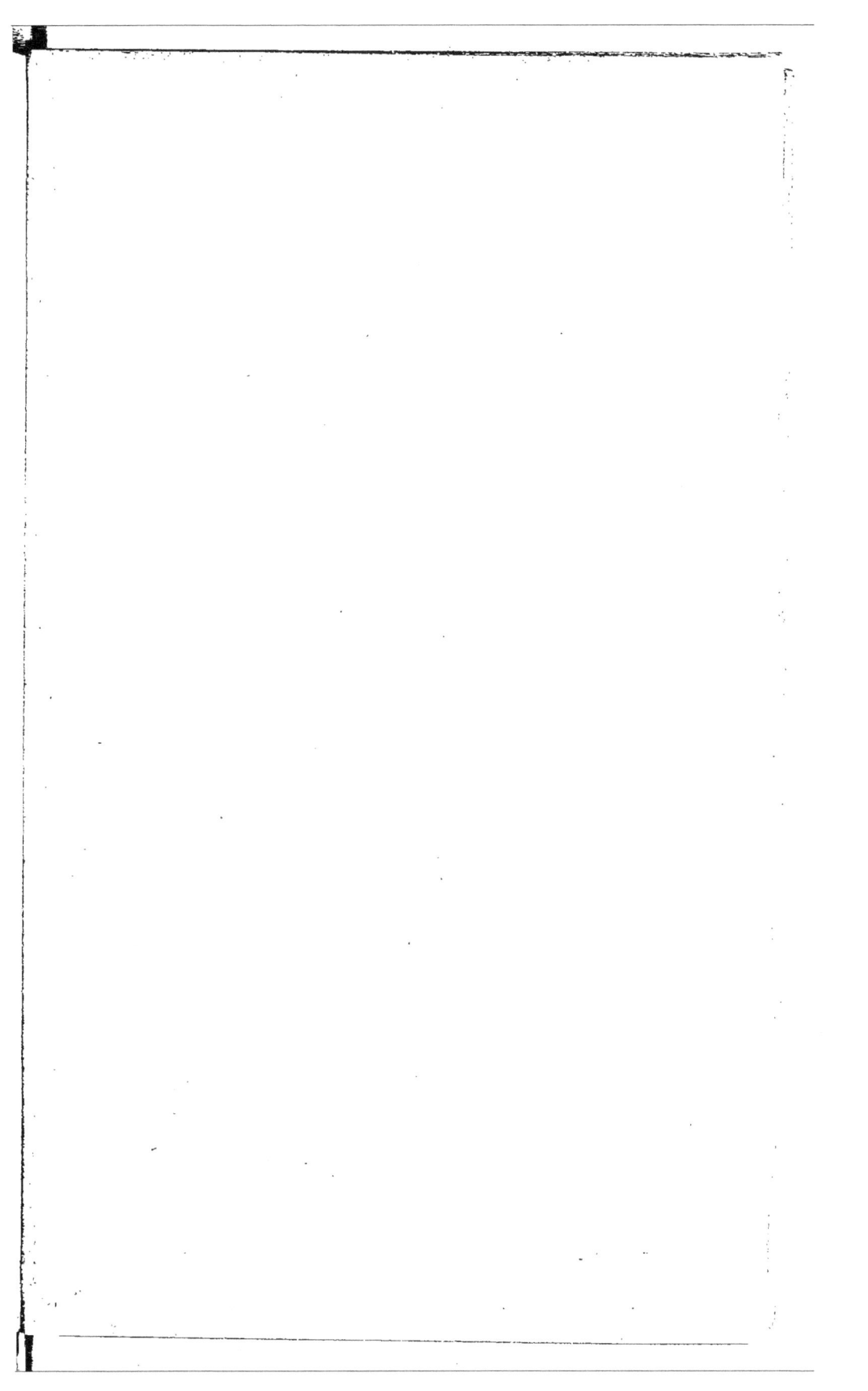

32615

DES

TÉLESCOPES.

TYPOGRAPHIE HENNUYER, RUE DU BOULEVARD, 7. BATIGNOLLES.
Boulevard extérieur de Paris.

DES

TÉLESCOPES

CAUSERIES FAMILIÈRES

SUR

les télescopes de tout genre, leurs effets, leur théorie,
l'époque de leur invention, leurs perfectionnements successifs
et leur avenir.

TRAITÉ

SPÉCIALEMENT ÉCRIT POUR LES GENS DU MONDE,

SUIVI D'UNE

Dissertation sur les astronomes amateurs.

Par A. BONNARDOT.

PARIS,

MALLET-BACHELIER,

IMPRIMEUR-LIBRAIRE DU BUREAU DES LONGITUDES ET DE L'ÉCOLE POLYTECHNIQUE,

Quai des Augustins, 55.

1855

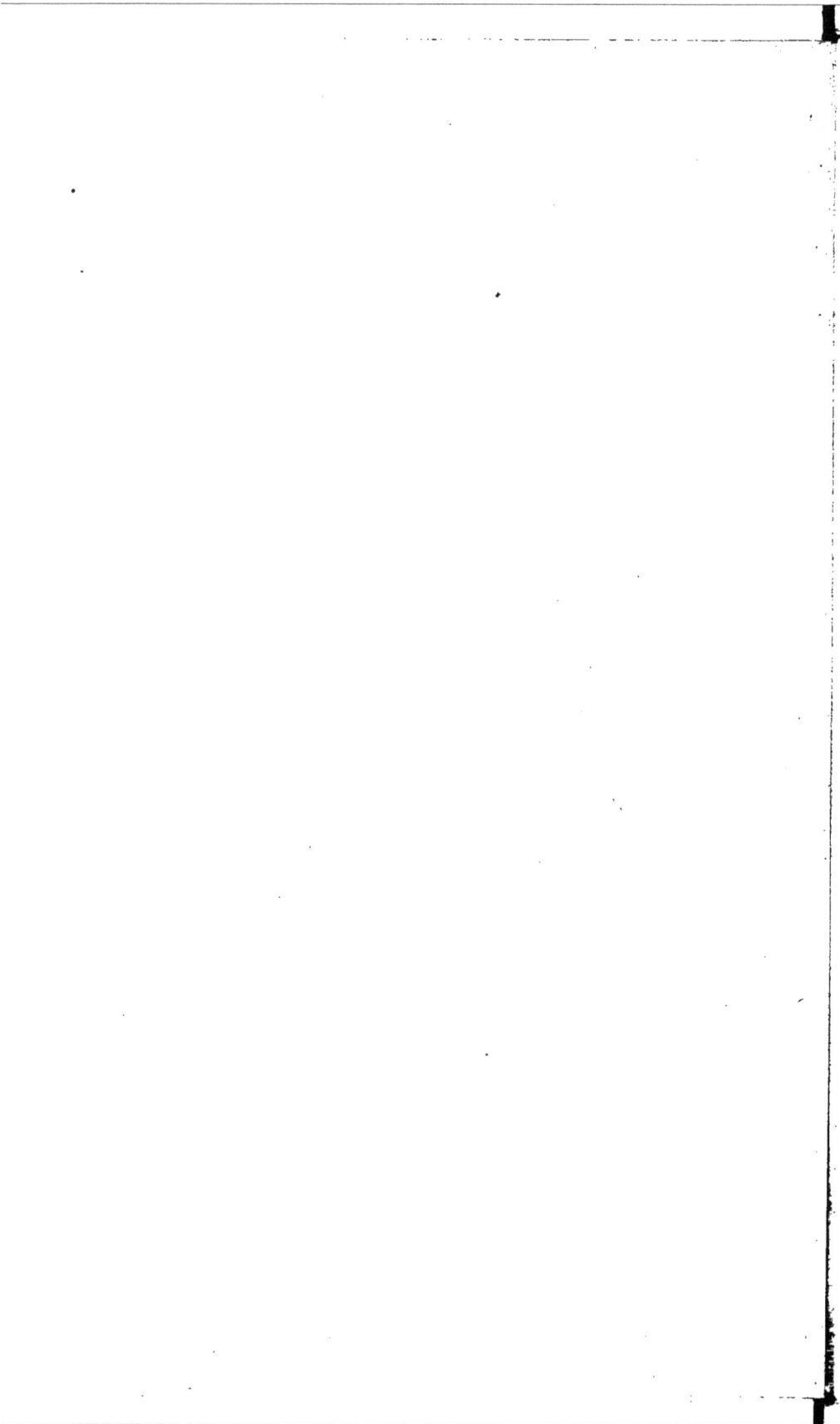

PRÉFACE.

—

L'unique but de l'auteur, en publiant ce petit traité, sérieux par le fond, et, autant que possible, égayé dans sa forme, c'est d'inspirer aux gens du monde un peu de goût pour l'étude de l'Optique et de l'Astronomie, c'est de les conduire à une nouvelle source de jouissances intellectuelles. Il souhaite que son livre, tout imparfait qu'il puisse paraître aux grands interprètes de la science, opère quelques conversions.

Le lecteur n'aura pas ici à redouter les formules sévères du calcul, et cela par une raison péremptoire : c'est que son *professeur* improvisé n'est pas sur ce point plus savant que lui-même. S'il a osé traiter cette matière, c'est qu'il a la conviction intime qu'un peu d'esprit d'observation appliqué à l'étude des phénomènes de l'optique suffit pour expliquer le mécanisme des télescopes de tout genre.

Aucune planche n'accompagne le texte : c'eût été du superflu. Celui qui, pour mieux comprendre la théorie, voudra recourir aux expériences, se procurera aisément, s'il ne les possède, les objets suivants : — une petite loupe, — une lorgnette de spectacle, simple ou jumelle, — une longue-vue moderne de moyenne dimension, — enfin un miroir concave (grossissant) en usage pour la toilette. Suivant les indications du texte, il démontera ou remontera telle ou telle pièce isolée qui entre dans la composition de la lorgnette ou de la longue-vue, et pourra constater de suite et *d'après nature*, la réalité des faits que signale la théorie.

L'auteur, en plusieurs endroits, appuie à dessein sur la circonstance qu'il est MYOPE. Cette insistance n'est pas inutile, car les phénomènes optiques apparaissent à chaque individu avec de notables modifications, qui dépendent de la particularité de son organe visuel. A telle distance donnée, le même objet n'a pas pour tout le monde un diamètre et une netteté identiques. Il faut avoir égard à ce fait important, car si l'on n'en tenait compte, il serait impossible de ramener les faits à une règle invariable pour tous.

Le mot TÉLESCOPE, souvent employé dans le cours du texte et sur le titre même de l'ouvrage, doit être expliqué. Il signifie à la lettre *instrument pour voir au loin*, nom fort usité autrefois dans ce sens général, et qui convient à tout instrument construit dans ce but, qu'il se compose de verres ou de miroirs. Mais depuis plus d'un demi-siècle, on l'a spécialement appliqué à ceux composés de miroirs métalliques, et l'on a nommé *lunettes* ceux qui doivent leurs effets à des objectifs de cristal.

Notre langue ne possédant aucun autre terme pour désigner en général les instruments qui font paraître plus ou moins proches les objets lointains, il faut se servir de celui de *télescope*. Seulement, quand la circonstance l'exigera, et pour qu'on ne puisse se méprendre sur son véritable sens, on ajoutera à la suite du mot une épithète qui en spécifie le système; ainsi on dira : télescope *réflecteur* ou à miroirs, télescope *réfracteur* ou *dioptrique*, etc.

Achevé d'imprimer en mai 1855. — Tiré à 300 exemplaires.

RECTIFICATIONS ET ADDITIONS.

—

Note relative à l'Introduction. — J'ai supposé qu'à l'aide d'une lunette d'environ quatorze centimètres d'ouverture, munie d'un oculaire astronomique, on pouvait distinguer, à un peu plus de cinq cents mètres, le titre d'un livre éclairé par le soleil. J'ai choisi cet exemple, pour donner une idée *approximative* de la puissance télescopique ; mais je ne garantis pas que mon hypothèse ait une exactitude mathématique. J'ai admis que, vers le commencement de septembre 1854, il n'y avait aucune tache sur le soleil ; que, dans une même soirée, on apercevait Vénus à l'état de croissant, Jupiter, et la Lune en son premier quartier ; enfin, que Saturne pouvait se trouver à l'horizon, vers l'orient. Je dois déclarer que, me proposant uniquement d'expliquer l'effet d'une lunette sur les astres, je n'ai point pris la peine de vérifier, sur l'*Annuaire du Bureau des Longitudes* de 1854, si toutes ces apparitions simultanées de planètes s'accordaient avec la réalité.

Page 76, ligne 13. — *Après* l'ordre des rayons, *ajoutez* : Cette expérience s'applique aux lunettes où les rayons se croisent, avant de tomber sur leurs oculaires composés de verres CONVEXES. Quand les oculaires sont concaves, l'effet ne se produit pas : un disque opaque, fixé au centre de l'objectif d'une lorgnette, cacherait la portion centrale de l'image.

Page 102, ligne 21. — *Au lieu de* : d'un dixième de millimètre de foyer, *lisez* : ayant la courbure des petites lentilles de verre, dont parle M. Arago, n'aurait qu'un trentième de millimètre de foyer, et...

Page 118, ligne 10. — Je dis à tort que l'ensemble d'un oculaire à quatre lentilles agit *virtuellement*. L'expression est impropre, puisqu'ici l'image des objets est *renversée*, et que les images dites *virtuelles* sont toujours *droites*.

Page 124, ligne 15. — L'arrêtent ou le dévient. Le texte de M. Person porte : s'arrêtent ou se dévient. Cette phrase n'offrant aucun sens, j'ai cru devoir la rectifier.

Page 151, après la ligne 8, ajoutez : Quelques auteurs enfin attribuent cette découverte fortuite aux enfants de Jacques Metius.

Page 215, ligne 2, ajoutez en note : En 1749, on cite les noms de PARIS, PASSEMANT et GONICHON. Ce dernier demeurait rue des Postes.

———

CAUSERIES FAMILIÈRES

TÉLESCOPES DE TOUT GENRE

—~~/\/~ /\/\/\~—

INTRODUCTION.

La villa de mon oncle. — Idée générale et effets d'une bonne lunette
appliquée à l'observation des objets terrestres et des astres.

—

J'ai passé une partie d'août et de septembre 1854
dans la maison de campagne d'un négociant retiré
que j'appelle *mon oncle*. Sa *villa*, comme il dit (ses
parasites hasardent le nom de *château*), est située
à mi-côte d'une colline boisée, qui domine la
Seine, à 8 ou 10 kilomètres de Rouen ; c'est un
petit bijou de pierres mêlées de cailloutage, niché
au milieu d'une corbeille de fleurs. J'avais choisi,
par goût, une chambre du troisième, destinée dans
le principe à loger un domestique. Je n'avais qu'à
ouvrir ma fenêtre pour me promener sur une terrasse qui faisait le tour de la toiture. De là, se dé-
veloppait de toutes parts un panorama des plus
ravissants. A l'orient apparaissaient les vieux clochers de Rouen et les collines verdoyantes qui
entourent cette ville, hors du côté du fleuve, dont

le cours tortueux se hérisse d'une forêt de mâts. On apercevait au loin, et par centaines, de hautes cheminées d'usines, qui se découpaient sous forme d'obélisques, sur de larges rideaux de peupliers.

La villa était au complet. Outre mon oncle, sa femme et sa fille, charmante et spirituelle enfant âgée d'environ neuf ans, on comptait douze personnes, dont trois femmes d'une moyenne amabilité. Je sympathisais, je l'avouerai, assez peu avec cette réunion formée par le hasard. Parmi ces compagnons, se trouvaient, en fait d'hommes, quatre négociants retirés, comme mon oncle, des affaires, un ex-notaire assez bel esprit, un ecclésiastique passablement guilleret, et un petit rentier qui ne s'était jamais connu d'autre état. Sa manie était d'herboriser et de jaser à tout propos d'horticulture ; mais il avait assurément le crâne trop en pain de sucre pour avoir jamais su tirer de ses *études assidues,* comme il disait, une brochure utile ou une idée neuve.

Les hommes passaient la journée à pêcher à la ligne, en attendant l'ouverture de la chasse, à jouer aux quilles, ou à faire pirouetter des boules d'ivoire sur un tapis vert. Le matin au déjeuner, ou au dîner le soir, tout cela radotait politique et se transportait à Bomarsund, à Odessa, à Sébastopol, tandis que les femmes causaient bijoux, dentelles et *potiches.* Pour moi j'écoutais en apparence, mais au fond je vivais avec mon *vieux Paris*, dont le souvenir est ma ressource ordinaire contre les soucis d'intérêts ou le froid contact des conversations vulgaires. J'allais donc, pendant une grande partie du jour, sous les marronniers de la terrasse, reconstruire, pierre à pierre, le palais des Tournelles ou l'*Ostel Sainct-Pol*. J'aurais, ne fût-ce que pour échapper à l'épithète d'*ours mal léché*, accepté volontiers une partie de billard, de pêche ou de chasse ; mais quand on est comme moi myope et forcé de porter besicles, il faut renoncer à ces prétendus plaisirs : on écorche le tapis vert, on prend à l'hameçon le nez de son voisin, ou l'on plombe le fémur d'un ami d'enfance : tous malheurs que j'avais à cœur d'éviter.

Un soir je trouvai tout à coup un nouvel aliment à donner à mon imagination. Comme je revenais, en suivant le mur d'une propriété voisine, à la villa de mon oncle, j'aperçus à un balcon trois ou quatre personnes groupées autour d'un long tube de cuivre dirigé vers le ciel étoilé. Ce fut pour moi comme un trait de lumière. Quel agréable passe-temps à la campagne de consacrer ses soirées à l'astronomie, au lieu de les donner à la monotone distraction des cartes! Vivre avec les autres mondes, c'est oublier un peu le sien : l'avantage est à considérer.

J'avais autrefois étudié avec un certain zèle la

construction et l'effet des télescopes, qui sont une des bases de l'astronomie moderne. Je résolus de reprendre mes observations. Je possédais à Paris un assez grand nombre de traités d'optique et d'astronomie, anciens ou modernes. La plupart s'annonçaient comme écrits spécialement pour les gens étrangers aux mathématiques, mais au fond ils étaient encore beaucoup trop savants pour servir à cet usage. J'en avais retenu bien des choses, mais tout ce qui s'y était traduit en formules d'algèbre ou de géométrie n'avait laissé dans ma mémoire que de bien faibles traces. Je me rappelai aussi que j'avais chez moi un télescope à miroirs, assez puissant, assez en bon état encore pour me donner une idée juste des principaux corps planétaires.

Dès le lendemain, je fis part à ma tante de mon projet de partir de suite pour Paris, afin d'en rapporter mes livres et mon instrument. — Si ce genre d'amusement, me dit-elle, vous sourit mieux que les éternelles exclamations : Pique! trèfle! cœur! etc. (sorte de conversation qui ne m'amuse guère non plus), vous pouvez, sans sortir d'ici, vous procurer le plaisir d'*astronomiser*. Donnez-vous la peine, mon cher neveu, de monter au grenier, sous le grand pavillon de droite; vous y trouverez, près d'une baignoire de zinc, un long coffre de noyer qui contient une machine du genre que vous dites. Il y a bien quinze ans qu'elle n'a vu le jour, mais elle pourra, je pense, faire encore son service. C'est feu mon père qui dota notre maison, alors nouvellement construite, d'un ustensile indispensable, à son avis, quand on possède d'aussi beaux points de vue. La première semaine, tout le monde s'empressa de voir dans la lunette ce qui se passait au loin, sur la Seine ou dans la lune. D'ici, je m'en souviens, on distinguait les promeneurs au sommet du mont Sainte-Catherine. Un mois après, personne n'y pensait plus, et on inhuma le cylindre de cuivre dans sa boîte, où il gît encore.

Pauline, ma jeune cousine, était à côté de sa mère. Elle paraissait s'intéresser vivement à la conversation. — Je serais bien curieuse, dit-elle, de voir d'ici les gens se promener au haut de la côte Sainte-Catherine.

— Je me souviens aussi, continua ma tante, qu'on établissait ce gros tube, accompagné, sur le côté, d'un autre très-petit, sur une espèce de grand socle formé de plusieurs châssis de noyer à claire-voie qui se démontaient. Il y avait des manivelles, des roues à engrenage, des chaînes et des roulettes, le tout servant à manœuvrer l'instrument en tout sens, et même à le dresser au-dessus de sa tête.

— Mais c'était donc, interrompis-je, une lunette

1.

astronomique munie de tous ses accessoires ? — Certainement, et mon père m'a dit l'avoir payée quelque chose comme 2,000 francs. Le pied dont je parle devra se retrouver non loin du coffre, mais séparé en plusieurs pièces. — Je saurai parfaitement remonter tout l'appareil, pourvu qu'il n'y manque aucune partie essentielle. — Je ne vous soupçonnais pas ce talent-là, mon neveu. Eh bien alors montez là-haut avec Jean ; je vous souhaite bonne chance. Au reste, ajouta-t-elle, nous sommes riches aussi en instruments du même genre, mais de plus petites dimensions : nous possédons deux ou trois longues-vues et une lorgnette-jumelle. Le tout est à votre disposition ; tâchez d'en tirer quelque agrément. Mais j'y pense maintenant, il doit y avoir quelque chose de détraqué dans le gros télescope, car mon mari l'ayant un jour dirigé sur la nouvelle flèche de la cathédrale de Rouen, à laquelle alors on travaillait avec activité, fut bien étonné d'apercevoir la flèche et tous les ouvriers la tête en bas ; c'est depuis ce jour qu'on a mis l'instrument de côté, sous prétexte qu'il battait la campagne.

L'observation me fit sourire. — Nous y remédierons, ma tante, et tout ce que je vous ferai voir sur terre aura une position normale. Mais quant aux astres, nous n'y regarderons pas de si près. On les observe à l'envers sans inconvénient, et ce n'est même jamais autrement que nos astronomes les contemplent.

— Pourquoi? Serait-ce donc uniquement par esprit de contradiction? messieurs les savants ont, sur ce point, une réputation bien établie : ils aiment à affirmer le contraire de ce que croit le premier venu. — Il me serait impossible de vous faire comprendre maintenant ce mystère, mais s'il vous intéressait, je verrais à vous communiquer tout ce que j'en sais, et cela sans le secours des mathématiques. — Bien entendu! ce serait même la première condition. Le langage des mathématiciens, voyez-vous, me donne des nausées comme le mal de mer, des étourdissements comme un jeu de bagues. Je me souviens que mon frère, il y a bien.... vingt-cinq ans de cela, traçait, sous la direction d'un précepteur refrogné, des bataillons de chiffres et de grandes lignes bizarres sur un tableau noir. J'avais une affreuse migraine, rien qu'à entendre parler de *racines cubiques,* de *cosinus* et d'autres monstres semblables. Si vous voulez m'enchaîner à vos leçons, usez du langage le plus vulgaire. Si vous ne pouvez vous expliquer avec assez de clarté pour que ma petite Pauline elle-même vous comprenne, il vaut mieux garder tous vos secrets.

— Eh bien! répliquai-je, je vais évoquer dans ma mémoire tout ce que j'ai lu à ce sujet, dans mes traités de physique et d'astronomie, et demain j'essayerai une première leçon. Nul de nous n'est engagé et chacun conserve tous ses droits : le premier, du professeur ou de l'élève, à qui la chose paraîtra ennuyeuse, n'aura qu'à le déclarer, le cours sera de suite suspendu, ou plutôt abrogé à perpétuité.

Comme le mot *leçon* avait paru causer à Pauline une impression peu agréable, il fut convenu que ces leçons seraient de simples *causeries*, n'entraînant ni livres à apprendre par cœur, ni devoirs d'aucune sorte à rédiger.

Cet engagement pris, je me hâtai d'aller à la recherche de l'instrument, et j'eus le bonheur de le retrouver au grand complet et en assez bon état. Aidé de Jean, le moins crétin des deux domestiques de la maison, je remontai toutes les pièces du pied, sorte de machine inventée, je crois, ou du moins perfectionnée du temps de l'Empire, par notre célèbre opticien Cauchoix. J'ajustai sur sa *gouttière* de noyer le long tube de cuivre que Jean fut chargé de nettoyer. Il n'y manquait que les verres, que je me réservai le soin d'éclaircir.

Je reconstruisis tout cet appareil dans une chambre vide, voisine de la mienne, d'où l'on jouissait également d'un magnifique point de vue sur la campagne. Quant aux menus accessoires de la lunette, je les démontai tous et les étalai, avec un certain ordre, sur une grande table garnie d'un tapis de laine.

J'étais en train d'essuyer l'objectif, le grand verre principal, quand ma tante se présenta, accompagnée de Pauline. — Eh bien, mon neveu, tout est-il complet? espérez-vous nous faire voir à deux lieues d'ici les gens dans leur position naturelle? — Certainement : il y a deux petits tubes munis de verres destinés à cet usage, et cinq autres plus courts, qui produisent l'effet contraire. Je vous en expliquerai un jour l'avantage. — Que faites-vous en ce moment de ce grand rond de cristal? — Je le nettoie avec une extrême précaution, car s'il se trouvait sur le linge qui l'essuie quelques grains de sable, il serait gravement endommagé.

— Après tout, dit ma tante, ce n'est qu'un morceau de verre, et il vaudrait mieux qu'il fût cassé que ma pendule à colonnes de cristal taillé. — Votre pendule, ma chère tante, ne vaut pas, à beaucoup près, cet objectif, ainsi nommé parce qu'on le dirige vers les objets qu'on observe. — Comment! un disque de verre large comme une soucoupe...—S'il se brisait, il faudrait dépenser, pour le remplacer, 5 ou 600 francs.

—En vérité? une si grosse somme? mais pourtant dans les paquebots, on bouche les lucarnes du pont, destinées à donner du jour aux salles, avec de grands plateaux de verre qui valent à peine, à la douzaine...

—Il y a, interrompis-je, autant de différence entre les blocs transparents dont vous parlez et l'objectif de ce télescospe, qu'entre un bouchon de carafe et un assez beau diamant. Un verre de cette dimension (près de 14 centimètres de large) exige, pour être parfait, un travail long et beaucoup d'habileté ; mais aussi c'est l'âme de l'instrument. Tout mécanicien un peu adroit parviendra à fabriquer, à ajuster d'une manière convenable les tubes et le pied ; mais ce disque de cristal qui garnit le gros bout a, quand il produit tout son effet, le mérite d'une excellente montre. Il se compose de deux parties, dont l'une corrige les défauts de l'autre. — C'est alors, dit ma tante, comme une femme économe qui tempère les excès d'un mari prodigue. — Toutes les comparaisons que vous voudrez ; celle-ci peut passer.

Ici je démontai l'objectif et j'isolai les deux disques.—Celui-ci, qui a une teinte un peu verdâtre, et du ventre des deux côtés, est sujet, quand la lumière vient se jouer dans sa masse, à plusieurs écarts qu'on nomme des *aberrations*. L'autre, construit en sens inverse, plus blanc et d'une composition un peu différente, a la vertu de rectifier les défauts de son compagnon, auquel il se lie si intimement, que les deux ne forment qu'un seul tout.

C'est, en effet, une sorte de ménage où, de deux caractères opposés, résulte une heureuse union.

J'allais replacer dans leur sertissure, dans leur *barillet*, si l'on veut, les deux disques diaphanes, emblème de la vie conjugale, quand la blonde et espiègle petite cousine, s'emparant trop vivement du verre concave, manqua de le laisser tomber. Elle ne s'était pas attendue à le trouver si lourd. Je le retins à temps au bord de la table. — Pauline, dis-je, a failli faire un beau coup; heureusement il n'y a que la peur. Je lui permis alors de regarder de près les deux verres, mais en me réservant le soin de les tenir moi-même. — Tiens! c'est étonnant: celui qui a du ventre grossit et l'autre rapetisse. Pourquoi cela, mon cousin? je voudrais bien le savoir. — Ces phénomènes s'expliqueront quand le *professeur* en sera arrivé à un certain endroit de son *cours*.

— Pauline, ajouta la mère, est plus avide de science, plus curieuse, si vous voulez, qu'il n'y paraît au premier abord, et, de toute la maison, c'est peut-être elle qui saisira le mieux vos raisonnements, si vous savez les énoncer avec clarté.
— Je la mettrai bientôt à l'épreuve. Après le déjeuner, nous essayerons la lunette sur des objets lointains; ce n'est là pour elle qu'un rôle secondaire, mais il faut qu'elle ait la complaisance de s'y plier. Ce soir elle remplira une plus noble

fonction : elle nous transportera dans des pays in
connus à l'œil privé de ce puissant secours.

— Mais, dit Pauline, je ne vois pas pourquoi
elle chômerait pendant la journée. Le soleil vaut
bien les étoiles; si on le regardait en faisant usage
d'un verre noirci, comme fit ma mère pour examiner l'éclipse de 1851...

Je félicitai ma petite élève de cette observation
pleine de justesse. Le fait est que j'avais oublié le
soleil. — Cet astre n'est curieux à voir que lorsqu'on y distingue des taches. En ce moment il n'en
offre aucune, mais seulement un grand disque lumineux presque uni, et plus ou moins vaste, selon
la puissance amplificative des verres employés.
Au reste, on peut voir, de jour, avec une grosse
lunette, un phénomène plus étonnant : des étoiles
en plein midi. Je vous en donnerai la preuve,
quand vous serez en état de comprendre comment
on peut obtenir un pareil résultat.

A l'issue du déjeuner, je m'empressai d'essayer
la lunette sur des collines éloignées qu'on apercevait de ma fenêtre. L'air était d'autant plus limpide, qu'une légère pluie avait, le matin, abattu la
poussière. J'acquis la conviction que l'instrument
possédait, pour l'observation des objets terrestres,
toute la puissance que comportait sa dimension, son
ouverture, si l'on préfère le terme technique. Il am-

plifiait, avec netteté, quatre-vingts fois le diamètre
apparent des objets, c'est-à-dire que leur distance à
l'œil paraissait quatre-vingts fois moindre qu'elle
n'était en réalité. Un cheval passant sur la route,
à 80 mètres de distance, n'était plus qu'à 1 mètre
de l'observateur, et semblait toucher la lunette.

J'avais employé le plus fort des deux *oculaires*
(verres auxquels on applique l'œil); l'autre avait
une moindre puissance ; mais, en compensation,
on distinguait à la fois un plus grand nombre d'objets, et ils étaient mieux éclairés. Il y avait cinq
autres oculaires uniquement destinés aux observations célestes; le plus amplifiant et aussi le plus
court, pouvait grossir jusqu'à trois cents fois le diamètre des astres. C'était avec un de ces oculaires,
qui renversent l'image des objets, que le maître
du logis avait eu la malencontreuse idée d'examiner le clocher de la cathédrale de Rouen.

Après avoir ajusté le plus faible des deux oculaires dits *terrestres*, je visai une délicieuse petite
maison située à plus d'un demi-kilomètre au delà
de la Seine. En ce moment Pauline entrait avec
sa mère. Elle parut impatiente de voir l'effet de
la lunette. Je la fis monter sur un tabouret; d'un
doigt elle ferma son œil gauche, et de l'autre regarda... mais elle ne vit que du brouillard ; elle
s'en plaignit. — Ce n'est pas étonnant, lui dis-je,
il fallait d'abord mettre la lunette *au point*. —

Qu'est-ce que cela veut dire ? — Selon qu'on discerne nettement ou avec confusion les objets éloignés, on doit plus ou moins tirer vers soi le petit tube oculaire, où l'œil s'applique. Pour moi, qui suis myope, si je veux observer au loin, le tube doit être raccourci, comme il l'est en ce moment ; pour toi, il est sans doute trop court. Allonge-le, en tournant à gauche le petit bouton latéral qui fait marcher une crémaillère, et tu trouveras ton point visuel.—Ainsi, mon cousin, chacun a un œil qui diffère un peu de celui de son voisin? moi je distingue très-bien de loin comme de près, seulement, pour mieux voir de près, je ferme un peu l'œil. — Alors tu n'es ni myope comme moi, ni presbyte comme ton père; tant mieux, c'est la vue la plus avantageuse. — *Myope, presbyte?* que signifient ces deux mots ? — Cette explication nous mènerait trop loin ; il faut en ce moment se contenter de cette simple réponse : un myope est celui qui distingue mieux de près que de loin ; un presbyte, c'est le contraire.

Tout à coup Pauline, qui avait tourné le bouton, s'écria : — Oh ! je vois, comme si j'y étais, la maison et le jardin anglais de Madame D...; tiens ! maman, regarde plutôt. La mère, à son tour, ne vit qu'une image trouble ; il fallut rentrer le tube oculaire. Cette manœuvre intriguait la petite cousine. — Pourquoi faut-il encore déranger la *mé-*

canique ?— Parce que ta mère n'a pas la vue aussi longue' que la tienne ; parce qu'elle est comme moi un peu myope.

Quand ma tante commença à discerner quelque chose, elle parut étonnée de ce qui lui avait apparu dans le tube, et dit à Pauline : — Petite, va maintenant étudier ta leçon, c'est l'heure. Tu reviendras plus tard.

— C'est vraiment fort amusant, ajouta-t-elle quand nous fûmes seuls ; je croirais être à dix pas de notre voisine, qui ne s'en doute guère. Elle vient de s'asseoir sur son banc rustique ; à côté d'elle est une brochure. J'aperçois bien sur la couverture jaune des traits noirs qui indiquent les lettres du titre, mais je ne puis le lire.

Je fis la remarque que l'oculaire était le plus faible des deux, et j'adaptai à la lunette l'autre, celui qui pouvait grossir quatre-vingts fois. — Eh bien, dit-elle, j'approche, mais pas encore tout à fait assez, bien que le livre soit éclairé en plein par le soleil. Je vois qu'il y a deux lignes de majuscules sur le titre, mais je ne puis les déchiffrer, et pourtant, je l'avoue, je serais bien aise de savoir ce que lit la jolie veuve. On la dit très-romanesque, et dans l'intention de se remarier cet hiver.

— Attendez : je vais tâcher de grossir encore davantage et de vous faire lire le titre.

J'employai cette fois un des oculaires astronomıques, qui permettent, vu des lois dont je parlerai par la suite, d'amplifier beaucoup plus que les autres, mais en renversant l'image des objets. Je finis par résoudre le problème. — Heim! la veuve ne se gêne pas... un livre mis à l'index!—Lequel donc? — L'Enfant du Carnaval! — Je veux m'en assurer.

Ma tante regarda à son tour. — Grand Dieu! mais je vois la veuve la tête en bas; qu'est-il donc arrivé à notre machine? — Rien, je vous expliquerai cela plus tard... — Son livre aussi est à l'envers, comme sa tête, soit dit sans malice. — Avec un peu d'attention, on peut, sans être imprimeur, parvenir à déchiffrer. — Attendez, vous avez, ma foi, raison, on s'y fait. Comment, ces horreurs l'amusent? Ah! madame D..., à la première occasion, nous aurons un entretien là-dessus. — Permettez que je remette l'oculaire *redresseur ;* maintenant que nous connaissons son livre, nous allons revoir la belle veuve dans son état naturel.

Ici je fis marcher la lunette dans le sens horizontal, afin de visiter les recoins du jardin.

— Attention! m'écriai-je tout à coup; on vient d'ouvrir mystérieusement la petite porte du fond, et je vois entrer qui? monsieur Auguste, le jeune peintre dont on parlait l'autre jour. Il a l'air efflanqué de ce pauvre Don Quichotte, de chevaleresque mémoire.

Ma tante s'empara à son tour de la lunette. —
Je le trouve fort drôle avec sa longue barbe de
bouc. Tiens !... voilà la veuve qui court à sa rencontre. Elle accepte son bras et son bouquet...
Ah ! quel malheur ! ils viennent de disparaître
sous une charmille.

Heureusement, ma tante retrouva bientôt ses
deux acteurs à travers une éclaircie du feuillage.
La veuve s'était assise à côté de l'artiste, le plus
aimable des trois prétendants à sa main. — Bon
Dieu ! reprit brusquement ma tante, ça paraît bien
avancé entre nos amoureux ! on vient de se serrer
la main avec passion. En vérité, je n'ai pas envie
d'attendre la suite ; ce serait peut-être par trop
compromettant pour l'aimable voisine ! J'avoue,
ajouta-t-elle, après avoir retiré son œil de l'oculaire, j'avoue qu'un télescope a son côté amusant
et... médisant. Dimanche prochain, je veux tirer
parti de la circonstance. La veuve nous fait quelquefois les cartes et prétend prédire l'avenir ; à
mon tour je les manierai pour lui révéler le passé.
Cette dame de cœur, lui dirai-je bas à l'oreille avec
mystère, m'annonce que jeudi dernier, à midi un
quart, un grand jeune homme assez blond s'est
assis près de vous, à tel endroit. En ce moment
vous teniez à la main... *l'Enfant du carnaval.* Ce
sera très-drôle. Merci ! mon neveu ; tenez toujours
nos verres en bon état. En vérité, je me sens au-

jourd'hui très-curieuse de connaître un autre secret, celui de cet instrument.

Au moment de se retirer, il lui survint une
nouvelle réflexion. — Nous avons toujours regardé
par le petit bout de la lunette ; si j'appliquais l'œil
à l'autre extrémité, qu'y verrai-je?—Absolument
rien, tant les objets, par un effet contraire, seraient
rapetissés, ou, si vous voulez, éloignés. Vous ne
distingueriez qu'un cercle lumineux d'autant plus
petit, que l'objectif grossirait davantage.

— Alors contentons-nous de ce que nos oculaires nous ont révélé.

La soirée fut magnifique. La lune en son premier quartier brillait d'un éclat si splendide, que
des êtres aussi prosaïques que mon oncle et ses
compagnons pouvaient seuls rester enfermés entre
quatre murailles, en tête-à-tête avec des cartes.
Ma tante guetta un moment propice pour s'échapper et venir voir *travailler* sur les astres l'instrument qui lui avait montré, pendant le jour, des
scènes assez divertissantes. Vers neuf heures, je
fis descendre la machine, et je l'installai au milieu
de la pelouse du jardin ; ce fut l'affaire de dix minutes. Je voulais conserver pour la fin les rochers
et les excavations de la lune, détails qui frappent
le plus vivement l'imagination des personnes étrangères à l'astronomie, mais il n'y eut pas moyen.

d'arranger ainsi l'ordre de mes démonstrations. Mon auditoire, à l'unanimité, me pria de commencer par l'examen de notre satellite.

La petite cousine, qui accompagnait sa mère, montrait une facilité surprenante à saisir toutes mes remarques sur les reliefs, les taches et les singulières cavités que présente la surface de la lune. Bien différente des compagnes de son âge, elle s'intéressait plus vivement aux merveilles de la réalité qu'aux féeries des contes ; elle sentait déjà tout le grandiose de ces œuvres de Dieu inaccessibles à l'homme, et ne pouvait se lasser de regarder et d'interroger.

Ce qui la contrariait un peu, c'est qu'à chaque instant, les détails qu'elle observait semblaient fuir avec rapidité. — Mais le pied de la lunette n'est donc pas calé ? elle remue sans cesse. — Petite cousine, il est parfaitement immobile. C'est la rotation de la terre qui produit cet effet et aussi le mouvement particulier de son satellite. Notre instrument ne grossit pas seulement la lune, mais encore l'espace dans lequel elle se meut. Pour maintenir son image dans le tube, il faut continuellement le manœuvrer, dans le sens horizontal, au moyen d'une crémaillère, et, dans le sens vertical, à l'aide d'une chaîne et d'un treuil.

— C'est un dur métier, dit ma tante, et les objets terrestres qui tournent avec nous sont plus

faciles à observer. — Aussi les astronomes sérieux
ont-ils des pieds mécaniques, fort coûteux, il est
vrai, qui donnent à la lunette ce double mouvement, de sorte qu'on n'a pas plus de soucis que si
la terre était immobile.

Tout à coup mon oncle parut sur la terrasse
avec son ami le botaniste. — Que diable peut-on
voir de curieux, à cette heure, à travers ce long
tuyau ? On n'aperçoit plus sur la Seine ni navires,
ni paquebots. C'est là, ajouta-t-il en se tournant
vers son compagnon, le seul agrément de mon
jardin. — Avec les fleurs, fit le botaniste. — C'est
juste, répliqua mon oncle, par condescendance.—
Nous examinons, dit Pauline, un monde un peu
éloigné de nous, d'environ 94,000 lieues, à ce
que dit mon cousin.

Mon oncle me frappa légèrement sur l'épaule.
—Mon cher ami, vous êtes bien savant : j'aime
mieux vous croire que d'essayer de tendre un cor-
deau d'ici à la lune. Puis il approcha machinale-
ment son œil de la lunette. — J'ai déjà vu cela, il
y a longtemps. C'est toujours la même chose. On
n'aperçoit de la lune que le même côté ; et cependant, les astronomes soutiennent que c'est une
boule qui tourne sur elle-même. J'aime mieux
croire que d'y aller voir. Mon beau-père a, dit-on,
payé bien cher ce tuyau de cuivre. Ensuite vous
me direz : Chacun prend son plaisir où il le trouve,

n'est-ce pas? ajouta-t-il en regardant avec malice son compagnon. Puis il saisit son bras et retourna à sa bouillotte.

Je compris de suite que je ne trouverais dans cette maison que deux auditeurs. Je m'en consolai en songeant que tel professeur de la Sorbonne n'en avait pu rencontrer qu'un. Nous continuâmes notre examen. — Mon père, dit Pauline, n'aime pas la lune. Pour moi, elle me plaît infiniment, surtout vue dans une lunette, sans que je sache pourquoi. Mais je demanderai à mon tour, comment on a pu mesurer sa distance et comment il se fait qu'une boule, qui tourne, ne puisse jamais montrer qu'un seul côté. Quand un poulet est à la broche... — Petite cousine, il faut nous contenter de voir. Il est certain que la surface de la terre est séparée de celle de son satellite d'environ cette distance, soit de trois cent soixante-seize mille fois 1,000 mètres. La géométrie le démontre par un moyen fort simple que je vous expliquerai quelque jour en mesurant devant vous, et sans presque me déranger, au moyen d'un triangle, l'espace qui sépare cette terrasse du grand peuplier situé là-bas, au delà de la rivière. Quant au mouvement de rotation de la lune, il me paraît bien prouvé. Qu'il vous suffise de savoir que son immobilité apparente, pour qui sait raisonner sur cette matière, fournit la meilleure preuve de sa rotation.

— Mon Dieu ! dit Pauline, que je serais heureuse d'être homme pour bien comprendre toutes ces énigmes ! — Cette condition n'est point nécessaire, et quand on sent un véritable plaisir à connaître une chose, on la sait déjà à moitié. Mais pour être parfaitement initié aux mystères de l'optique et de l'astronomie, il faut passer par une série de connaissances graduées dont l'ensemble constitue la science. Quand ma petite Pauline aura cinq ans de plus, si elle n'a point alors d'autres projets en tête, j'en ferai une astronome. J'espère, d'ici là, avoir le temps de le devenir moi-même.

Cette digression terminée, je dirigeai notre télescope sur Jupiter. — Que voyez-vous là-bas, dis-je à ma tante, en lui désignant du doigt cette planète ? — Mais... une *étoile*, ce me semble. — Le mot étoile ne doit pas avoir pour nous le sens vague qu'il a pour le vulgaire. On appelle ainsi un corps céleste lumineux par lui-même, un *soleil*, probablement semblable au nôtre, mais si éloigné qu'on ne connaît pas encore au juste quelle rangée de chiffres doit en exprimer la distance. L'astre que vous apercevez assez loin et à droite de la lune, c'est la planète Jupiter, dont le globe énorme n'a pas une lumière intrinsèque, mais nous renvoie celle que lui communique le soleil. Bien qu'elle soit, malgré sa petitesse, plus brillante que la lune, puisqu'elle semble rayonner, elle est pourtant moins bien éclairée, vu sa grande distance du point central. Son volume est autrement gros que celui de la terre, et pourtant cette vaste surface de lumière réfléchie, rapetissée par un extrême éloignement, se réduit à un disque qui n'est guère, en diamètre, que la quarante-cinquième partie de celui de la lune. On attribue à Jupiter environ vingt-sept fois moins de lumière et de chaleur que la terre n'en possède ; mais j'ai l'idée qu'il en reçoit, grâce à des moyens dont la Providence a le secret, une plus grande proportion, vu l'éclat dont il brille.

Maintenant, rentrons dans la question ; il s'agit ici de la puissance et de l'effet de notre télescope. J'ai mis un oculaire qui élargira deux cents fois le diamètre de Jupiter, soit trente-un mille fois la surface de son disque apparent. Une portion de cette force amplifiante sera employée à diminuer sa dilatation factice, considérable, surtout pour les myopes, à qui les objets très-éloignés paraissent plus larges et plus confus qu'ils ne sont en réalité. Si je regardais Jupiter avec une lorgnette qui grossirait deux fois seulement, il ne me semblerait guère plus gros qu'à l'œil nu, mais en compensation beaucoup plus net et mieux *terminé*.

Tout le pouvoir de notre lunette, après cette réduction préalable, sera employé à grossir l'image de la planète. Cette image, au premier aspect, ne paraîtra guère beaucoup plus ample que celle de la lune vue à l'œil nu, et cependant elle surpassera cette dernière de plus de trois diamètres. J'indiquerai plus tard (6ᵉ *Causerie*) d'où provient cette illusion, et la manière de se rendre compte de la réalité de l'amplification télescopique.

Ma tante se préparait à regarder. — Encore une observation, dis-je. Pauline, qui a la meilleure vue de nous trois, aperçoit-elle à côté de Jupiter, vers sa gauche, un point lumineux et trois autres à sa droite, tous rangés à peu près sur la même ligne ? — Je n'aperçois absolument rien. — Ni moi, ajouta ma tante. — Eh bien ! repris-je, on assure qu'il existe des vues humaines assez perçantes pour distinguer ces quatre satellites de Jupiter. Au bout de notre tube de cuivre, nous allons les voir avec la plus grande netteté.

— En effet, dit ma tante, c'est curieux ; mais... j'aime encore mieux la lune. Tiens ! le corps de la planète est zébré de quatre ou cinq raies noires, placées horizontalement. — Ces *bandes* grisâtres passent pour des amas de nuages disposés autour d'elle, en forme d'anneaux.

Pauline examina à son tour. — Eh bien ! moi, j'aime beaucoup ce gros globe, qui semble avoir à ses côtés quatre petits enfants qui l'accompagnent. Cela me rappelle *ma* poule avec ses poussins. C'est là sans doute l'apparence que la terre doit avoir dans l'éloignement, sauf qu'elle n'a qu'une petite fille à ses côtés. — Oui, mais notre lune est beaucoup plus grande en proportion que les quatre de Jupiter. — Serait-il possible de voir Jupiter encore plus gros? — Certainement, si je mettais le plus fort de nos oculaires, mais ce serait un triste avantage; il paraîtrait si peu lumineux qu'on le distinguerait à peine. A la rigueur, on peut amplifier indéfiniment son image, mais sous peine de ne plus rien voir. — Pourquoi cela? — Parce que la lumière que nous envoie son disque perd de son intensité à mesure qu'elle s'étale sur une surface plus large. Si l'on mêle trop d'eau au vin, on finit par n'obtenir qu'un liquide sans couleur. Pour amplifier avec netteté le diamètre de Jupiter deux ou trois fois davantage, il faudrait agrandir l'objectif de la lunette en proportion; alors la lumière fournie suffirait.

Un autre soir, je vous ferai voir d'autres planètes, qui aujourd'hui ne sont pas à notre portée. La plus curieuse de toutes c'est, sans contredit, Saturne, globe moins éclairé que Jupiter, parce qu'il est encore plus distant du soleil, mais entouré de plusieurs grands cercles réunis en un seul, et plus lumineux que la planète elle-même.

Cet anneau singulier, qui tourne autour de Saturne sans le toucher par aucun point, semble destiné à lui servir de lune continue. C'est assurément la merveille de notre monde planétaire.

— Alors, dit Pauline, il n'a pas besoin de petites lunes isolées? — Il pourrait en effet s'en passer : cependant il en a huit, mais si petites qu'avec
notre instrument on en distinguerait à peine quatre. — Je serais bien curieuse, mon cousin, de
voir ce prodige. — Malheureusement en cette saison, il faudrait se trouver ici vers trois heures du
matin. En novembre nous le verrions parfaitement. — Si ma petite maman le permettait, je
m'éveillerais bien assez matin...

Pauline interrogeait des yeux sa mère, mais ma
tante me parut beaucoup trop modérée dans son
admiration à l'égard des corps célestes, pour con-
sentir à une pareille *escapade*. En effet, elle refusa la permission demandée.

Mais en ce moment, reprit Pauline, où est donc
Saturne? — Peut-être là-bas à l'horizon, du côté
de Rouen, mais nous ne pourrions, supposé qu'il
y fût, le grossir avec notre lunette ; son image serait tout à fait confuse, parce qu'il est très-bas sur
l'horizon, et que sa lumière, pour venir jusqu'à
nous, aurait à traverser une épaisse couche d'air,
chargée des grossières vapeurs que la terre exhale.
Son image serait informe et presque obscure.
Quand Pauline sera une grande personne...

— C'est désespérant que Saturne soit si en retard! Jupiter est meilleur enfant et moins mysté-

rieux. — Il est des époques où il agit comme Saturne. La Providence a réglé la marche des planètes autour du soleil, sans avoir en vue la commodité des astronomes. Pour connaître le ciel, il faut dormir le jour et passer les nuits *à la belle étoile*. — Mais pendant le jour, que deviennent les planètes? —Elles sont au firmament, souvent sous nos yeux ; mais le reflet de la lumière solaire les efface, et nous ne pouvons les voir.

— Ah çà, dit à son tour ma tante, quelle est cette étoile si brillante qu'on aperçoit souvent au crépuscule du soir et qui disparaît quand il fait tout à fait nuit? — On la nomme, à tort, l'*étoile* du soir, ou du matin, selon qu'elle suit ou précède le soleil. C'est Vénus, la plus radieuse des planètes, parce qu'elle est une fois plus rapprochée que nous du centre du monde. Nous l'examinerons un de ces soirs. Il nous suffira de quitter la table avant le dessert. — J'y consentirais bien volontiers, s'écria Pauline. Mais cette fois encore la mère parut y mettre moins d'empressement.

Je continuai : — Ce qu'il y a de remarquable dans cette planète, grosse à peu près comme la terre, c'est que, dans les moments où elle brille avec le plus de splendeur, elle a la forme du croissant délié de la nouvelle lune. — Ce n'est pas croyable, dit ma tante. — C'est pourtant la vérité. Son apparence de petit disque rayonnant est un effet de l'imperfection des meilleurs yeux. Il faut, au reste, un bon télescope pour faire paraître le croissant bien net, et aussi gros au moins que celui de notre satellite. Mais ce n'est pas là, bien entendu, la forme réelle de Vénus ; celle-ci provient de ce que nous apercevons seulement le profil de son globe, éclairé du côté du soleil.

- Ainsi, c'est fini pour ce soir? dit la petite cousine d'un air affligé. — Oui, répondit la mère. Il est dix heures : il est temps d'aller rêver de Saturne dans son lit. C'est dommage que mesdames les planètes apparaissent à des heures aussi indues. Il faut être approvisionneur de marchés ou astronome pour se lever à trois heures du matin.

— Je réclame seulement, reprit Pauline, la faveur de voir de près une de ces brillantes étoiles qui semblent *clignoter* au-dessus de nos têtes. — La cause de cette *scintillation* (c'est le terme consacré) paraît connue de nos jours; mais il serait trop long de l'expliquer ici. Voyons donc une étoile. Mais, je vous en préviens, vous n'y trouverez pas autant d'agréments qu'avec les planètes. Plus le télescope est parfait et amplifiant, plus elles se réduisent à de petits points d'un diamètre inappréciable. Leur éclat s'avive, mais elles se rapetissent infiniment.

—Ah çà, dit ma tante, je ne vous comprends plus. Notre instrument grossit tout hors les étoiles?

Ce n'est pas probable ; il y a là contradiction. —
Il en est pourtant ainsi. On attribue cet effet à leur
éloignement, si prodigieux que leur diamètre est
insensible, même avec une amplification de six
mille fois. — Mais pourtant, cette étoile là-bas
(elle indiquait Arcturus) me paraît plus grosse
qu'un pain à cacheter. — Et à moi, myope, aussi
large qu'une pièce de cinq francs. C'est que sa lumière se dilate, s'étend sur le fond de l'œil, comme
une goutte d'huile sur le papier, et cela, par la
raison, poussée plus loin dans ses conséquences,
que je vous donnais tout à l'heure au sujet de l'*irradiation* de Jupiter et de Vénus. Au reste, cet effet,
en apparence contradictoire, que produisent les
puissants télescopes, est encore un mystère mal
éclairci. On ne sait au juste ce que c'est que le
corps des étoiles, ni leur distance réelle de la terre.
Elles ne semblent jamais s'écarter l'une de l'autre, à quelque point qu'on se place sur le globe.
Elles n'ont point de *parallaxe*, comme disent les
savants. Quand vous voyez un arbre au loin et un
autre derrière, l'espacement qui les sépare s'élargit ou se resserre, selon que vous avancez ou re-
culez. Mais les étoiles, même considérées à des
distances qui diffèrent de 76 millions de lieues,
conservent toujours leurs positions respectives.

— Mon neveu perd-il la tête? Notre globe a,
dit-on, à peu près 3,000 lieues de diamètre;

3.

qui donc a pu en mesurer 76 millions ? — Si l'on
examine une étoile un certain jour, six mois
plus tard, la terre, en se mouvant autour du soleil dans son orbite, aura juste parcouru l'espace
susdit. L'observateur entraîné par cette translation
du globe a donc, en effet, mesuré cette distance de
76 millions de lieues. Eh bien ! l'étoile est toujours
à la même place par rapport à ses voisines.

Mais coupons court à ces digressions. Voici l'é-
toile demandée.

Ma tante regarda ; Pauline ensuite. — Eh bien !
petite cousine ? — On dirait un diamant qui lance
des reflets rouges, bleus et verts ; c'est charmant,
mais bien en petit. — En compensation, l'étoile est
beaucoup plus brillante ; pour s'en convaincre, il
suffit de l'examiner de l'œil gauche, sans ôter l'œil
droit de l'oculaire. Il faut supposer que toute la
force de l'instrument est employée à dépouiller
l'image de l'étoile de l'*irradiation*, de l'épanouissement nébuleux que sa lumière produit sur la
rétine. Obtiendra-t-on un jour d'assez puissants
télescopes pour que, cette sorte de rectification
opérée, il leur reste encore assez de pouvoir pour
grossir le diamètre de l'étoile ? Ne feront-ils, au
contraire, que le rétrécir de plus en plus ? c'est ce
que j'ignore.

De cette concentration de la lumière des étoiles
résulte la possibilité de les apercevoir en plein

jour, au moyen de forts grossissements. Vers midi, le fond de l'atmosphère est imprégné d'une lumière assez intense, même dans les parties les plus éloignées du soleil. Si l'on regarde ce fond, au moyen d'oculaires très-amplifiants, sa lumière s'étalera comme celle d'une planète jusqu'à devenir à peu près nulle. Mais l'éclat d'abord dissimulé des étoiles, ne faisant que croître de son côté, finira par percer, par prédominer sur un fond devenu très-sombre. J'ajouterai que je trouve notre lunette très-bonne, par cela même qu'elle réduit les étoiles à de très-petits disques bien nets. Elle doit provenir des ateliers de Lerebours ou de Cauchoix.

— Allons, mon neveu, à demain ; nous nous sauvons. Laissez là notre machine, si vous n'aimez mieux la faire rentrer dans la serre aux orangers. — Une dernière observation, répliquai-je, et cette longue séance sera terminée. Je dirigeai vivement la *machine* vers la partie de la constellation de la grande Ourse, dite spécialement le *Chariot de David*. On pourrait tout aussi bien la nommer le cerf-volant. La queue de l'Ourse est une série de trois étoiles ; celle du milieu se nomme *Mizar*. Au-dessus, et tout près de Mizar, existe une autre étoile très-petite et invisible à la vue simple. On la nomme *le Postillon*, quand on considère les trois étoiles comme autant de chevaux attelés au chariot. J'indiquai Mizar à mes élèves.

Vous voyez là une étoile, une seule? — Une seule. — Eh bien! notre lunette va nous en montrer deux. Le grossissement étant de trois cents fois, l'espace entre les deux astres va s'élargir de cette quantité; ils paraîtront alors assez distants l'un de l'autre.

— C'est donc là ce qu'on nomme une étoile double? dit ma tante, après avoir regardé dans la lunette. — Pas précisément : ce serait abuser du mot. On nomme ainsi deux étoiles beaucoup plus rapprochées et plus spécialement quand l'une tourne (en un certain nombre d'années) autour de l'autre, comme les planètes autour du soleil. Les démonstrateurs d'astronomie en plein vent donnent à celles que vous voyez le titre ronflant d'étoile double ; mais un excellent télescope peut seul opérer un dédoublage difficile. Un soir que nous serons moins pressés par l'heure, je vous en ferai voir plusieurs (il n'en manque pas au ciel, Dieu merci!) qui ne seraient pas abordables à une petite lunette ; mais la nôtre saura bien les résoudre. Avec une simple lorgnette, on ne distinguerait qu'un disque lumineux ; avec un moyen télescope, ce disque paraîtrait ovale, parce que les deux étoiles se confondraient encore au point de contact. Avec un instrument plus fort, mais médiocre, leurs images étant toujours en partie superposées, le dédoublement ne pourrait s'effectuer. Mais employez une bonne lunette, capable de grossir trois cents fois l'intervalle réel qui les sépare, leur ensemble se réduira à deux points très-distincts et très-lumineux. Je suis sûr que la nôtre justifiera, sous ce rapport, la bonne opinion que son extérieur m'a tout d'abord inspirée.

Ainsi, c'est chose convenue, dis-je à mes deux élèves quand nous nous séparâmes : demain après midi et les jours suivants, nous nous installerons sur la terrasse du jardin, et là, à l'aide d'explications que je rendrai les plus claires possible, j'essayerai de vous faire bien comprendre le mécanisme de notre télescope et de ceux en tout genre qu'on a imaginés depuis bientôt trois siècles.

PREMIÈRE CAUSERIE.

Idées peu compliquées sur la marche de la lumière à travers l'espace vide, l'air et les milieux transparents. — Des lentilles de cristal; de leur double effet.

Je commençai donc le lendemain ma première *leçon*, déguisée sous le nom moins sévère de *causerie*. Je l'avais préparée de mon mieux ; mais je sentais combien il est difficile de donner aux personnes étrangères aux sciences une idée juste des divers effets de la lumière, dans son passage à travers les surfaces des corps transparents. Il fallait pourtant que ma tante et la petite cousine passassent par ce défilé, qu'on regarde comme infranchissable sans le secours de quelques principes de géométrie. A midi précis, nous nous installâmes sous un berceau formé de vigne et de chèvrefeuille, à l'une des extrémités de la terrasse. Un splendide soleil éclairait la campagne. Je me plaçai dans un vaste fauteuil en mailles métalliques, vis-à-vis de mon petit *cercle* d'auditeurs, et je pris la parole.

De la lumière. — Nos savants n'ont jamais pu définir avec précision ce que la lumière est dans son essence; ils ont, au contraire, parfaitement expliqué les phénomènes qui résultent de ses effets. Le soleil est pour nous la principale source de cet agent, de ce *fluide* subtil nommé *lumière*; mais plusieurs corps matériels, compacts ou gazeux, en produisent également, dans certaines circonstances connues de tout le monde. Si la lumière n'existait pas, nous ne connaîtrions que la forme des objets matériels, grâce au sens du toucher; quant au sens de la vue, il ne nous servirait à rien.

Certains corps sont lumineux par eux-mêmes, comme les étoiles fixes, un charbon ardent, un jet électrique, etc.; beaucoup d'autres le sont par réflexion, c'est-à-dire par le reflet, sur leur surface, d'une lumière d'une nature quelconque. Les planètes, tout aussi bien que ce pavillon qui nous fait face, sont dans ce cas.

Tous les objets, lumineux par eux-mêmes ou par emprunt, lancent de toute part et dans toutes les directions des *lignes* de lumière, composées d'*atomes* excessivement ténus, qui voyagent dans l'espace sans discontinuité. De chaque point, quelque petit qu'on le suppose, d'un corps éclairé ou brillant d'un éclat intrinsèque, jaillit une de ces lignes nommées *rayons*, laquelle, en passant par notre œil, engendre la sensation nommée aussi *lu-*

mière. Plus les rayons sont nombreux et serrés, plus la lumière est vive. Quant à l'agent qui produit cet effet, je le répète, on ne peut ni le saisir ni le définir ; c'est une sorte de substance vibrante, impalpable et impondérable, que perçoit le seul sens de la vue.

L'émission de plusieurs rayons qui s'épanouissent en tous sens constitue un amas de lignes rayonnantes qu'on nomme un *faisceau*, un *pinceau* lumineux. Ils s'élancent de leur source avec une rapidité qu'on est aujourd'hui parvenu à mesurer, et invariablement en ligne droite, tant qu'ils se meuvent dans un espace ou *milieu* homogène, libre et invariable.

Marche et réfraction de la lumière. — Les rayons du soleil arrivent en quelques minutes à la surface convexe de la masse d'air qui environne notre globe et qu'on nomme l'atmosphère, puis ils la traversent, car c'est un milieu transparent. Cette atmosphère a une hauteur, une épaisseur si l'on veut, qu'on évalue approximativement à 64,000 mètres ou 16 lieues. Notons que l'air n'est pas seulement une milieu transparent ; quoiqu'il soit insensible à la vue comme au toucher, il n'en est pas moins une matière pesante et compacte, par rapport à l'espace vide nommé l'éther. A partir du point où commence le vide, l'air a déjà une cer-

4

taine consistance, qui va toujours croissant jusqu'à ce qu'il touche le sol. La couche que l'on respire au bord de la mer est bien plus épaisse que celle où un ballon peut parvenir. La chute d'un corps léger, comme un cerf-volant, s'effectue dans l'air avec une lenteur qui prouve son élasticité, sa résistance, sa *densité,* en un mot.

Revenons à la lumière. Quand le soleil est juste au zénith, au-dessus de nos têtes, ses rayons tombant d'aplomb percent la couche d'air et continuent d'aller en ligne droite, avec un peu plus de lenteur, et aussi moins d'éclat que dans l'éther, parce que l'air, par sa masse, oppose un obstacle à leur marche et atténue leur vivacité. Mais si l'on suppose le soleil à l'horizon, ses rayons nous arrivant *obliquement* auront à traverser une couche d'air plus longue et aussi plus compacte, parce qu'elle rase la terre ; ils perdront bien plus encore de leur lumière et de la chaleur qui l'accompagne que s'ils venaient du zénith. Or, un nouveau phénomène va nous occuper. Ces rayons, vu leur marche oblique et la densité du milieu qu'ils traversent, ne sont pas seulement affaiblis, mais détournés de leur direction primitive en droite ligne. Ils éprouvent une inflexion, une déviation en forme d'arc ; ils sont *réfractés,* comme disent les savants.

Chaque rayon du soleil ayant ainsi dévié peu

à peu, en entrant de biais dans les diverses couches de l'atmosphère, il s'ensuit qu'en réalité cet astre n'occupe pas précisément le point du ciel où nous croyons le voir, mais un point plus ou moins éloigné de sa place réelle, selon sa hauteur sur l'horizon. Un autre motif de son déplacement apparent tient à l'espace de temps que met sa lumière pour parvenir jusqu'à nous.

Supposons maintenant, sans plus nous occuper de l'air, que les rayons solaires rencontrent une pièce d'eau. S'ils tombent d'aplomb sur sa surface, ils la percent en ligne droite, avec moins d'éclat encore, moins de rapidité que dans leur trajet dans l'air. Mais s'ils rencontrent *obliquement* cette surface aqueuse, ils éprouveront une réfraction, un brisement plus prononcé que dans l'air, car l'eau est une matière bien plus compacte Si enfin ces rayons traversaient (toujours obliquement) des corps plus denses que l'eau, tels que du verre ou du diamant, ils se réfracteraient encore davantage, suivant la profondeur de la couche transparente qu'ils auraient à franchir.

Un rayon solaire qui vient frapper notre œil, après avoir ainsi pénétré l'atmosphère et une certaine épaisseur de cristal, a donc nécessairement perdu de son éclat primitif, sans compter une autre perte éprouvée à la rencontre des surfaces qui séparent ces divers milieux; néanmoins, il est encore assez fourni pour que nos yeux voient les objets bien éclairés, même à travers plusieurs verres superposés.

Retenons surtout cette phrase : C'EST SUR LA PROPRIÉTÉ QUE POSSÈDENT LES RAYONS LUMINEUX DE DÉVIER DE LEUR ROUTE DIRECTE, QUAND ILS PASSENT DE L'AIR DANS UN MILIEU PLUS DENSE, QUE SONT BASÉS TOUS LES TÉLESCOPES COMPOSÉS DE VERRES.

Quand des rayons rencontrent perpendiculairement un corps non transparent, ils sont arrêtés et renvoyés vers leur source. Plus la surface de ce corps est unie, blanche et bien polie; plus ils sont repoussés en grand nombre vers leur direction primitive. C'est ce qu'on appelle la *réflexion* de la lumière. Si la surface réfléchissante, au lieu d'être plane, est oblique par rapport à la direction des rayons, tel est le cas d'un miroir concave, la lumière éprouve, en s'y réfléchissant, des déviations d'où résultent des effets qui sont la base des *télescopes à miroirs* dont je vous parlerai un jour.

— Tout cela est un peu doctoral, interrompit ma tante; cependant il me semble avoir tout compris. La suite, je l'espère, va devenir plus amusante. — Pour moi, dit à son tour Pauline, ces explications ne m'ont pas ennuyée, tout au contraire. Mais..., mon cousin, je serais enchantée de savoir pourquoi un miroir creux grossit si singulièrement le visage ; pourquoi mes poissons rouges paraissent si gros et si déformés quand je les regarde au travers des côtés du bocal ; pourquoi?...

— Trêve à toutes ces questions, petite cousine ; nous y arriverons par degrés. Pour ne pas vous effaroucher et rester dans les limites de mon *cours*, j'éviterai, s'il est possible, les explications trop compliquées. Ainsi je ne ferai que citer les prismes, morceaux de cristal présentant dans leur coupe un triangle et sur leurs côtés trois faces planes, à travers lesquelles les rayons lumineux, qui arrivent blancs, se subdivisent, après les avoir traversés, en plusieurs autres rayons colorés comme l'arc-en-ciel. Il nous suffira de savoir qu'un prisme, vu sa forme, reçoit très-obliquement les rayons, les réfracte, les oblige à faire le coude. Quant aux couleurs occasionnées par le prisme, nous en reparlerons ailleurs, pour en étudier, non la cause, mais les effets par rapport aux lunettes.

Je vais maintenant vous signaler des faits curieux et incontestables, qui nous mèneront à la connaissance de ces instruments.

Des lentilles de verre. — Avant de continuer la leçon, j'ouvris un coffre dont je m'étais muni, et qui renfermait tous les objets propres à appuyer mes démonstrations. J'en tirai une loupe montée, un peu plus large qu'une pièce de cinq francs, et bombée des deux côtés. — Tout le monde, repris-je, connaît, au moins de vue, ce rond de cristal nommé *loupe*, quant à son usage, et, en optique, *lentille*, à cause de sa forme. On ne pouvait lui trouver un nom plus juste, mais par abus on a étendu ce nom à d'autres disques de verre d'une taille différente. Ainsi, ajoutai-je, en voici un qui, bombé d'un côté, est plat de l'autre. On aurait dû l'appeler une *demi-lentille*, mais on le nomme lentille *plan-convexe*. En voici un autre qui est tout à fait l'inverse d'une lentille, car il est creux sur ses deux faces; on le nomme lentille *biconcave ;* il en est qui ne sont creux que d'un seul côté. On a aussi fabriqué des lentilles à faces inégalement courbées ; d'autres, appelées *ménisques*, en forme de croissants ; on n'en fait plus guère usage, du moins dans la construction des télescopes : oublions-les. Dans une longue-vue que j'ai dans ce coffre, nous trouverons des lentilles biconvexes, plan-convexes et une grande plan-concave. Pour ne pas embrouiller votre mémoire, apprenez de suite que les lentilles convexes des deux côtés ou d'un seul agissent à peu près d'une manière identique. Il en est de même de celles taillées en sens inverse. Pour simplifier, nous n'admettrons donc et nous n'étudierons que les lentilles d'une forme bien tranchée : celle biconvexe et celle biconcave.

La loupe que je tiens à la main exige, pour être

bonne, des conditions qu'une longue pratique permet seule de remplir. D'abord son verre est d'une finesse, d'une pureté qui surpasse de beaucoup celle des cristaux employés dans les usages domestiques. La courbure régulière et uniforme de ses deux faces est due à des procédés très-délicats, mais aujourd'hui si bien simplifiés et perfectionnés qu'elle revient tout au plus à 3 francs. Il y a des siècles qu'on en construit tant bien que mal : les peuples de l'antiquité eux-mêmes en connaissaient l'usage. Un peu avant l'année 1300, on en fabriquait de très-minces qui, montées par paires, formaient des *lunettes* à lire, nom qui vient sans doute de leur forme de petits disques. Il est fâcheux que ce même mot *lunette* ait été, plus tard, je ne sais trop pourquoi, appliqué aux instruments destinés à grossir les objets éloignés, que l'ancien nom de *télescope* désignait bien mieux.

Double effet des lentilles convexes. — Une lentille convexe produit deux effets. Elle grossit le diamètre des objets proches, soit qu'on l'éloigne plus ou moins de ces objets, en y appliquant l'œil, soit qu'on la maintienne à une certaine distance entre l'œil et les objets. J'ajouterai qu'une loupe, scientifiquement parlant, ne grossit pas, mais plutôt nous aide, par son pouvoir réfringent, à voir les corps éclairés de plus près qu'à la vue simple. Or, plus on peut approcher l'œil des objets, sans qu'ils cessent d'être nets, plus la dimension de ces objets paraît occuper de place sur le fond de l'œil, et mieux par conséquent on peut en distinguer les détails. Expliquer la cause première de l'action des lentilles convexes, ce serait nous lancer dans de trop savantes théories; qu'il nous suffise de savoir que cet effet existe.

Parlons de l'autre propriété de la lentille convexe, celle de rapprocher de notre œil l'image des objets éloignés. Quand les rayons solaires frappent une de ses faces, il se forme à une certaine distance, au delà du centre de la face opposée, un disque lumineux, plus ou moins grand, selon la superficie de la lentille, et qui éblouit, surtout s'il est reçu sur un fond blanc. Si ce disque rencontre de l'amadou ou du bois sec, il y met le feu. Pauline doit se souvenir du petit canon placé autrefois sur un socle, au milieu de la pelouse, et détonnant à midi juste, quand le ciel était sans nuages; c'était une lentille ou loupe qui enflammait la poudre.

Voici comment se produit cette incandescence : chaque rayon solaire est imprégné d'une dose de chaleur plus ou moins énergique, suivant l'état de l'air, la saison et l'heure du jour. Or, la courbure de la lentille force chaque rayon à tomber obliquement sur sa surface, à se réfracter. Celui-là seul qui passe au centre du verre continue en droite

ligne ; tous les autres s'infléchissent, se coudent
d'autant plus qu'ils tombent plus près des bords.
Tous, en un mot, sans perdre beaucoup de leur
force, s'inclinent l'un vers l'autre, de l'autre côté
de la lentille, se réunissent en pointe, se pressent
en *convergeant* dans un espace très-resserré. Leur
ensemble forme ce petit disque éblouissant qui
contient en proportion cent fois plus de lumière et
de chaleur que la surface de la lentille, si cette
surface est cent fois plus vaste. Or, l'endroit où
tous ces rayons se rassemblent se nomme le *foyer*,
parce que là existe une chaleur comparable à celle
d'un charbon ardent.

Si l'on reçoit de même sur une loupe une autre
sorte de lumière que celle du soleil, celle, par
exemple, qui émane de la pleine lune, d'une
flamme lointaine ou d'une maison vivement éclairée, il se forme également un foyer, mais il est
seulement lumineux et non comburant. Le mot
foyer est assez impropre dans ce cas, mais il a été
adopté : il nous faudra donc l'employer.

Images réelles. — Notons que l'image d'un objet
lumineux, quand elle vient se peindre au point du
foyer, conserve la forme de cet objet. Ainsi, le
soleil et la pleine lune donnent un disque, parce
que leur forme est parfaitement circulaire ; mais
l'image de la lune en son croissant se projette au

foyer d'une lentille sous forme d'un petit croissant. C'est donc en réalité le véritable et très-exact
portrait des objets éloignés qui vient se produire
au foyer ; que la loupe soit carrée ou triangulaire,
l'image n'en conserve pas moins sa forme.

.Ce qu'il y a de plus étonnant dans cet effet d'optique, c'est que cette *peinture* si délicate qu'ap-
porte à l'œil une lentille convexe est toujours *à
l'envers*. Si l'objet est un homme debout, dans son
image il aura la tête en bas, et sa main gauche paraîtra à droite.

Ce renversement a lieu même sans interposition
de lentilles. Fermez hermétiquement les volets
d'une chambre, de manière qu'elle soit tout à fait
obscure, et percez dans un des volets un très-petit
trou rond ou carré pour le passage de la lumière
extérieure. Si, en face de ce trou, se présente dans
l'éloignement un moulin qu'éclaire le soleil, l'image
du moulin vient se peindre sur le mur ou sur un
papier blanc placé plus ou moins loin de l'ouverture. Mais le toit et les ailes paraîtront vers le bas,
et la base regardera le plafond. Les rayons de lumière réfléchie, émanés du moulin, ont été res-
serrés et comme étranglés, à l'instant où ils ont
pénétré à travers le trou du volet : leurs lignes se
sont renversées par rapport à leur direction primitive, se sont *croisées*, comme on dit. Ce croisement
des rayons peut se comprendre en voyant un x

couché ⤬. Le fait est curieux, mais je laisserai à
ceux qui en voudront connaître la cause le soin
de consulter les savants traités de physique. Je me
borne à constater la vérité de cet étrange résultat.

Je fus ici interrompu par les questions de la petite cousine, que cette culbute du moulin avait
intéressée vivement. Il ne me fut permis de continuer qu'après avoir promis *sur l'honneur* de lui
faire voir après la leçon cet effet en nature.

C'est, repris-je, sur cette double propriété des
lentilles de paraître grossir les objets proches et
d'amener à l'œil les objets lointains, qu'est fondée
la lunette astronomique. La lentille objective se
dirige, en général, vers des objets assez distants,
d'au moins quinze ou vingt fois la longueur de son
foyer ; car on n'en a guère besoin pour voir à quelques pas. Quant à l'oculaire, il sert à regarder de
près l'image objective, qu'il amplifie comme si
elle était un objet réel. Une simple lentille oculaire ne redresse pas la position de l'image, mais
il existe des combinaisons de lentilles qui produisent ce redressement ; j'en parlerai par la suite.

L'image que fournit l'objectif se nomme *réelle*,
parce qu'elle est, je le répète, par rapport au rôle
de l'oculaire, comme un objet *réel*. J'avoue que
ces deux mots *image réelle* semblent contradictoires, mais ils ont été adoptés par les savants. L'i-
mage amplifiée par l'oculaire se nomme *virtuelle*

ou imaginaire, parce qu'elle ne se forme que par
un effet apparent, en deçà du foyer des lentilles
et jamais au delà ; on aurait mieux fait, à mon
avis, d'appeler simplement l'une *image renversée*,
et l'autre *image droite*. L'objectif, on le comprend,
porte ce nom, parce qu'il regarde, ou plutôt parce qu'il reproduit les objets ; le mot *oculaire* veut
dire le verre près de l'œil, du mot latin *oculus ;*
on aurait pu tout aussi bien l'appeler *œillaire*.
Cette lentille est d'ordinaire fort petite, parce que
sa fonction est de grossir ; or, plus elle produit cet
effet, plus elle doit être convexe : une forte courbure entraîne nécessairement un petit diamètre.

Pourquoi les images réelles sont à l'envers. —
Maintenant, dit Pauline, expliquez-nous donc comment l'image objective ou réelle se forme à l'envers ? — C'est, au fond, très-facile à comprendre.
Les rayons, lumineux, soit par emprunt, soit par
eux-mêmes, doivent, en vertu d'une loi naturelle,
se couder, au lieu de continuer à se propager en
ligne droite, quand ils passent de l'air dans un
disque de cristal à surfaces convexes, c'est-à-dire
circulairement obliques. Examinons cette statue,
placée là-bas, à 200 mètres environ. Comment
l'objectif nous amènera-t-il son image ? Un faisceau lumineux partira de sa tête, un autre de ses
pieds. Ils arriveront *à peu près* parallèles, autre-

ment dit en conservant entre eux le même espacement, jusqu'à la surface de la lentille objective.
S'ils rencontraient un disque de verre plat, ils le
traverseraient et passeraient au delà, sans produire aucun effet ; mais ils trouvent sur leur route
une surface convexe, c'est-à-dire de plus en plus
oblique, à partir du centre. Le faisceau de rayons
émané de la tête traversera la lentille vers son
bord supérieur, puis, vu l'obliquité de la surface,
se brisera de manière à atteindre plus loin, en se
dirigeant vers le bas, une ligne droite qu'on peut
se figurer passant par le centre de la lentille, et
qu'on nomme son *axe*. De son côté, le faisceau
émané des pieds de la statue se brisera vers le
bord inférieur de la lentille, et tendra à remonter
vers le haut. Les deux faisceaux se rencontreront
donc, formeront la pointe vers l'endroit de l'axe
qu'on nomme le foyer. Les rayons, partis, soit de
la main droite, soit de la main gauche, agiront
de même sur les côtés de la lentille, et se rassem-
bleront en pointe au même point de l'axe.

Or, tous les faisceaux venant du haut, du
bas ou des côtés de la statue, ne s'arrêteront pas
dans l'air après s'être réunis en forme de cône.
Passé le foyer, ils continueront leur marche en
ligne droite, selon l'impulsion donnée par la
courbure de la lentille, et sans se confondre. On
conçoit que nécessairement, passé la pointe du

cône, ils se croiseront; c'est assez dire que les rayons partis d'un point inférieur se dirigeront vers un point supérieur, *et vice versâ*; c'est une conséquence forcée. De même les rayons partis du bras droit en porteront l'image à gauche, etc. Pour voir l'image dans sa position naturelle, il faudrait la saisir avant le croisement; mais elle paraîtrait, en ce cas, tout à fait trouble, ou plutôt elle ne serait pas encore créée ; l'œil ne peut la distinguer que passé le point où les rayons qui la forment se sont croisés ou entrecoupés ; voilà pourquoi elle lui arrive à l'envers.

Je méditais un moyen de confirmer matérielle-ment mes démonstrations, quand j'avisai deux quilles oubliées dans un coin. Je les posai debout à une distance respective d'environ un mètre ; j'attachai un fil noir d'une tête à l'autre, et reliai les deux bases au moyen d'un fil blanc ; puis, je dis à mes élèves : — Ne regardez que la quille de gauche ; ce sera un objet en nature, vu dans l'é-loignement. Les deux fils noir et blanc, qui s'é-lancent parallèlement de ses deux extrémités, fi-gureront les faisceaux lumineux émanés en ligne droite des points extrêmes de la statue.

Supposons maintenant que ces deux faisceaux ont traversé une lentille : ils ont dévié de manière à se diriger l'un vers l'autre et à se rencontrer sur l'axe de la lentille, au point du foyer. Pour imiter cet effet, je vais croiser les fils, qui d'abord étaient parallèles.

Ici, je maintins d'une main la quille de gauche, et, de l'autre, je retournai à l'envers la quille de droite, qui allait figurer l'image réelle. Je croisai ainsi les deux fils, sans les tordre, sans les enrouler.

—Qu'est-il arrivé? repris-je; le fil noir, le faisceau supérieur réfracté, a suivi sa nouvelle direction oblique, est venu rencontrer le fil blanc, puis, continuant sa route en droite ligne, aboutit, comme avant la réfraction, au sommet de la quille de droite, qui représente l'image réelle. De son côté, le fil blanc est toujours attaché aux deux bases, quoique l'une de ces bases ait été retournée. A partir du lieu du croisement ou du foyer, les faisceaux lumineux ont commencé à former un nouveau cône, dont le sens est opposé à celui du premier. Ce renversement, comme vous le voyez d'une manière palpable, est donc le résultat nécessaire de l'entre-croisement des rayons.

Nous avons supposé l'objet observé à une telle distance que ses rayons arrivaient à nous presque parallèles. Admettons maintenant un cas différent et exceptionnel (car on ne se sert guère d'un télescope que pour voir au loin) : si l'objet n'est distant de l'objectif que de huit ou dix fois sa longueur focale, ses rayons, loin d'être à peu près

parallèles, arriveront en divergeant, en s'écartant
l'un de l'autre. Comme ils rencontrent une lentille peu convexe, après l'avoir traversée, ils seront très-peu déviés ; leurs lignes, rendues à peine
convergentes, tendront encore à se réunir, mais
à une grande distance du point où se concentrent les rayons dits *parallèles*, c'est-à-dire venant
d'une distance infinie. La plupart des télescopes
ne pourraient même s'allonger assez pour que l'i-
mage devînt nette. Enfin, si l'objet était par trop
près de l'objectif, il ne se formerait plus une image
réelle, mais une image virtuelle, l'objectif agissant comme une loupe.

Pauline objecta : — Est-ce qu'une seconde lentille, placée à une certaine distance d'une image
réelle, ne la renverserait pas à son tour ? — Si,
fixant à une certaine distance cette nouvelle lentille,
on regardait de loin à travers, on verrait, en effet,
l'image réelle redressée ; mais cette seconde image
serait beaucoup plus petite que la première, et
l'on n'en tirerait aucun avantage, à moins qu'on
n'y ajoutât encore une ou deux autres lentilles,
comme je l'expliquerai à propos des oculaires terrestres (5me *Causerie*). Ce qu'il s'agit de bien comprendre aujourd'hui, c'est le double effet des
lentilles, selon qu'on les emploie comme objectifs
ou comme oculaires.

Ici, je repris ma loupe, et la tins à une petite

distance d'un journal posé sur une table. — Ces caractères, dis-je, paraissent amplifiés de trois ou quatre diamètres, comme vous pouvez vous en assurer en regardant les lignes, d'un œil avec la loupe, de l'autre sans verre ; mais notez bien que les lettres sont placées en deçà du foyer de la lentille, à une distance moindre que sa longueur. Si maintenant j'éloigne le journal, et si vous tenez l'œil assez loin de la loupe, au delà du point de son foyer postérieur, vous verrez ces mêmes lettres, mais, cette fois, plus petites qu'en réalité, et à l'envers.

Voilà, dis-je, quand tout le monde eut fait l'expérience, voilà le double effet des lentilles bien constaté. Le premier a produit une image *virtuelle* et amplifiée, le second une image *réelle*, qui est plus petite que l'objet, uniquement parce que la lentille a un court foyer ; car, si ce foyer était dix fois plus long, les lettres eussent semblé être plus grosses que nature, bien que renversées.

— Mais d'où vient, dit la petite cousine, que le contour des lettres, quand la loupe les amplifie, paraît coloré comme l'arc-en-ciel ? Pourquoi les lignes semblent-elles aussi, vers leurs extrémités surtout, se cintrer, se brouiller de manière à fatiguer la vue ? — C'est que cette lentille a une forte courbure. J'expliquerai prochainement, à propos des *iris* ou *chromatisme* des lentilles, la cause de ces deux défauts et les moyens d'y obvier. Tâchez

5.

de retenir les noms qu'on leur donne : le premier s'appelle *aberration* (dérangement) *de réfrangibilité* ; le second, *aberration de sphéricité*. Demain nous nous amuserons à construire une lunette d'approche. D'abord nous emploierons des éléments simples et imparfaits ; ensuite nous leur donnerons toute la perfection possible.

DEUXIÈME CAUSERIE.

De l'effet des objectifs simples et des objectifs achromatisés.

—

Objectifs simples. — Vous n'avez pas oublié, je pense, la double fonction des lentilles biconvexes. J'ajouterai que , quelle que soit celle de leurs faces qu'on présente aux objets, le foyer, soit devant, soit derrière, se forme à une égale distance, quand les courbures sont semblables. Dans celles à faces inégalement convexes, il n'y a qu'une légère différence dans la distance focale ; elle est un peu plus courte quand on tourne vers les objets la face la moins convexe.

Nous avons vu hier deux effets se produire avec la même loupe ; mais, si l'on veut former une lunette passable, il faut que les lentilles, selon leurs fonctions, diffèrent beaucoup dans leur courbure et aussi dans leur surface. On doit employer comme objectif une lentille assez large et peu convexe, pour obtenir un long foyer et éviter, en partie, ces rayons qui colorent ou troublent l'image.

deux inconvénients qui proviennent surtout des faisceaux lumineux introduits par les bords.

Je tenais à la main une petite longue-vue à tirages, dont l'objectif avait *trois* centimètres d'ouverture et *vingt* de foyer. Je dévissai le cercle de cuivre qui l'enchâssait, et je le séparai en deux disques, l'un, la lentille objective, l'autre, le verre plan-concave, qui s'adaptait à la courbure du premier. Je dévissai également les quatre petites lentilles qui garnissaient le tube oculaire, et j'étalai le tout sur une table.

Dès que ma tante aperçut les deux verres isolés de l'objectif, elle m'adressa, pour la seconde fois, cette question : — Si une lentille biconvexe suffit pour remplir le rôle d'objectif, pourquoi l'accoupler à un verre concave qui rapetisse, qui éloigne évidemment les objets? Ce second verre est-il destiné à ôter à son associé toute sa puissance? N'est-ce pas au moins une cinquième roue à un carrosse? — Vous verrez tout à l'heure, dis-je, qu'il augmente, au contraire, cette puissance, tout en annulant les défauts que je viens de signaler. Je vais revisser au gros tube une seule portion de l'objectif, la lentille biconvexe qu'on nomme le *crown*, et nous allons en essayer l'effet.

Je plaçai sur un petit pied de bois à trois branches le tube garni de ce seul verre ; puis, l'ayant dirigé vers la girouette d'un des pavillons, je rentrai les tirages de cuivre jusqu'à ce que mon œil, placé près de l'orifice du plus petit tube, dégarni d'oculaire, pût distinguer nettement l'image renversée de la girouette.

Pauline regarda après sa mère. — J'aperçois, en effet, l'image très-claire, mais plus petite, de moitié au moins, qu'elle ne paraît en réalité à mon œil gauche, qui la voit sans verres. — D'après les explications d'hier, nous devons nous rendre compte de ce qui s'est passé. Si notre *crown* eût été plus convexe, il eût fallu, pour voir nettement la girouette, raccourcir encore davantage le petit tube, puisque le foyer eût été plus court. L'image nous paraît ici moins grosse que l'objet lui-même, considéré à l'œil nu du point où nous sommes; mais il est à noter qu'elle a une clarté, une netteté admirables. Cette sorte de *peinture aérienne*, quand la vue la perçoit d'un endroit convenable, paraît toujours lumineuse et nette, parce que les rayons qu'elle envoie à l'œil partent du lieu le plus favorable à la *vision distincte*. Celle-ci n'est ni colorée dans ses détails, ni brouillée même vers les bords; c'est que la lentille est bien travaillée et n'a pas une courbure exagérée.

Cette production d'une image très-nette, mais renversée, n'offre pas jusqu'ici un grand avantage; ce que nous demandons, c'est du grossissement, c'est-à-dire un effet tel qu'on distingue tous les menus détails de l'objet, comme si, en réalité, nous en étions beaucoup plus rapprochés. Heureusement les lentilles ont une seconde propriété, celle de grossir les dimensions des objets voisins de leur surface : il faut l'utiliser. L'image aérienne de la girouette a sur l'objet réel l'avantage d'être à portée de notre œil, comme si c'était une petite girouette en relief et matérielle. Si nous approchions une loupe d'une petite girouette en nature, cette espèce de joujou nous paraîtrait quatre ou cinq fois plus grand en diamètre, plus grand même que la véritable girouette, vue, bien entendu, de l'endroit où nous sommes.

Nous pouvons amplifier de même la petite image aérienne. Mais ici se présente une difficulté : si nous grossissions à la loupe une petite girouette véritable, les rayons que cet objet réel enverrait à la surface de notre lentille n'ayant subi ni réfraction ni croisement, il nous paraîtrait, dans toutes ses parties amplifiées, net et presque sans couleurs, tandis que l'image aérienne formée de rayons réfractés et croisés va, si nous augmentons sa surface, nous paraître confuse, *irisée*. Nous aurons obtenu le résultat désiré, mais si défectueux, qu'on préférerait voir les objets lointains à la vue simple.

Ici j'ajustai au petit tube oculaire une seule lentille, afin de confirmer mon assertion par l'expérience. Ensuite je remis le tube oculaire garni de son *jeu* complet de lentilles. L'image parut cette fois redressée, mais toujours irisée et confuse. — Heureusement, dis-je, il y a moyen de parer à ce double inconvénient. Autrefois, il y a plus d'un siècle, on y remédiait en donnant aux lentilles objectives simples un foyer très-long, autrement dit, leurs faces étaient si peu convexes, qu'elles paraissaient presque planes. Les rayons lumineux, en traversant ces disques de verre à peine bombés, s'y réfractaient, mais si peu en apparence, qu'il semblait qu'ils n'eussent pas dévié. Cependant ils convergeaient tous par degrés insensibles vers un point de réunion très-éloigné. L'image focale se formait à 6, à 12, quelquefois à 33 mètres de distance, et même beaucoup plus loin.

Je vous dirai, sans autres raisons scientifiques, que, grâce à une courbure exacte et bien ménagée, ces verres n'offraient pas sensiblement d'iris, de franges colorées autour des objets, et paraissaient exempts de cette confusion qui fatigue la vue et que la science nomme aberration de sphéricité. — Je me demande, interrompit ma tante, comment on pouvait remuer et diriger des lunettes de pareille taille. — C'est ce que je vous expliquerai plus tard (10ᵐᵉ *Causerie*).

Objectifs achromatisés. — Je continuai. — Dans

ma petite longue-vue, qui est moderne, on a cor-
rigé les deux sortes d'*aberrations* par un moyen
fort ingénieux. Au lieu de donner à la lentille objective, au *crown*, une très-faible courbure, de manière à allonger huit ou dix fois son foyer, on y a
joint un autre verre, dit *flint-glass*, de forme
plan–concave. Il en allonge le foyer de moitié ou
à peu près, et fait paraître l'image aérienne plus
grosse et tout aussi lumineuse, sans aucune espèce
d'aberration sensible, de sorte qu'il est permis de
l'examiner avec une loupe beaucoup plus amplifiante que si l'objectif était simple et à très-long
foyer ; car, dans cet ancien système, on ne pouvait employer qu'un oculaire très-faible.

De cette possibilité d'augmenter, sans l'altérer,
les dimensions de l'image, au moyen d'un fort
oculaire, résulta l'avantage d'obtenir avec des lunettes de 1 mètre de long le même effet qu'avec
les anciennes, qui, en ayant 3 ou 4, étaient fort
embarrassantes.

Pauline examina avec attention le *flint* que j'allais réunir au *crown*. — Ce verre grossirait-il
aussi, si on regardait à travers d'une certaine manière ? — Il n'amplifie pas directement ; il disperse,
il fait *diverger* les rayons trop *convergents*. Vu ainsi
isolé, il semble en effet rapetisser, éloigner les
objets ; mais le rôle qu'il remplit après sa réunion
au *crown* est d'une tout autre nature. J'expliquerai

son action quand il sera question (13e *Causerie*) de l'invention de l'*achromatisme*, ou moyen d'annuler dans les lentilles les iris qui nuisent tant à leur effet. L'achromatisme corrige en même temps l'aberration de sphéricité, en rectifiant la direction des rayons qui, entrant par les bords de l'objectif, sont trop déviés et se croisent avant les autres, ce qui occasionne du trouble dans l'image. Le flint-glass contient un sel de plomb qui l'alourdit et rend sa substance plus *dispersive*. En deux mots, le flint décolore et ramène au foyer commun les rayons extrêmes, qui brouillent ceux du centre.

Quant aux lentilles, qui jouent le rôle d'oculaires ou de loupes à amplifier l'image, on peut se dispenser, quoiqu'elles soient très-convexes, de les rendre achromatiques, puisque l'image réelle qu'elles grossissent *virtuellement* est formée de rayons achromatisés. Une seule loupe, employée comme oculaire, quand elle est bien travaillée, enchâssée dans un cercle de cuivre qui empiète un peu sur ses bords, et précédée ou suivie d'un diaphragme convenable (petit disque percé d'une ouverture assez étroite), une telle loupe ne fait voir aucun iris sur les contours des objets, ni aucunes traces d'aberration de sphéricité sur les bords de l'image.

Au reste, comme je vous l'expliquerai en traitant des oculaires, on combine presque toujours la

loupe simple avec une autre placée plus loin, et
ces deux lentilles s'achromatisent mutuellement.
J'ajouterai qu'on emploie de préférence, dans tous
les genres d'oculaires, des demi-lentilles. Elles
agissent à peu près comme celles biconvexes, et
comme elles sont plus minces, elles font perdre
moins de lumière ; car plus est épaisse la couche
vitreuse que traversent les rayons, plus ils s'affai-
blissent.

Je vais maintenant remettre à sa place l'objectif
complet, ayant soin de tourner en dehors la face
convexe du crown. De la position contraire résul-
terait une certaine confusion dans l'image. Le pla-
cement des anciens objectifs simples était indiffé-
rent, même quand ces lentilles étaient plan-convexes ; dans ce dernier cas, le foyer se formait un
peu moins loin ; mais avec nos objectifs modernes,
il faut pour bien voir, et cela par des raisons trop
compliquées à déduire, que la face plane du flint
regarde l'oculaire.

Le foyer de notre objectif étant devenu plus long
maintenant que j'y ai joint le flint, il faudra pour
voir nettement l'image de la girouette, que j'allonge
les tubes, et si la girouette en nature n'était qu'à
10 mètres de nous, il faudrait les allonger encore
davantage, car plus l'objet observé est proche, plus
le foyer se forme loin (Voy. page 51).

Mes élèves furent étonnées du nouvel effet de

l'objectif redevenu achromatique. Elles observè-
rent, d'abord sans oculaire, l'image renversée de la
girouette. Cette image conservait toute sa netteté,
tout son éclat, mais cette fois était un peu plus
grosse que l'objet en nature vu à l'œil nu. J'ajustai ensuite au tube oculaire une seule petite loupe
plan-convexe. La girouette était toujours à l'envers, mais avait un diamètre huit ou dix fois plus
grand, de sorte qu'elle paraissait huit ou dix fois
plus proche de l'œil, à tel point qu'on était tenté
d'essayer de la toucher avec la main.—Si le foyer,
dis-je, avait une longueur double, elle semblerait
encore une fois plus près de nous, parce que l'i-
mage aérienne serait une fois plus large.

Quand tout le monde eut assez examiné, je re-
plaçai l'oculaire complet. L'image de la girouette
apparut alors dans sa position normale et un peu
plus amplifiée qu'avec l'oculaire simple, mais elle
était évidemment moins éclatante et comme obscurcie. C'est, qu'en effet, les rayons lumineux, qui
s'étaient recroisés après avoir traversé trois nouvelles lentilles, avaient perdu, pendant le trajet,
par plusieurs raisons difficiles à expliquer, une certaine partie de leur substance.

Pouvoir amplifiant des oculaires concaves.—Je
croyais toucher à la fin de ma leçon, quand ma
tante, prenant un certain air vainqueur, me dit,

avec une dignité un peu railleuse : — J'accepte ,
monsieur mon neveu, toutes vos explications, d'autant plus volontiers que je ne saurais où trouver
moyen de les contredire ; mais daignez m'écouter.
J'ai là sur moi une petite lorgnette qui va vous
donner de l'embarras. L'objectif est achromatique, ainsi que le vôtre, et comme il a tout au
plus 8 ou 10 centimètres de foyer, il fournit des
images aériennes (*réelles* si vous y tenez), beaucoup plus petites que les objets vus à l'œil nu.
Devant ces images presque microscopiques est
placé, et ici c'est à titre d'*oculaire*, un verre biconcave qui, pour sa part, semble rapetisser, éloigner à l'excès les objets; et pourtant, le jeu de
ces deux verres produit un grossissement de trois
ou quatre diamètres, peut-être plus. Débrouillez-
moi cet écheveau-là, si vous pouvez ! Pour moi,
je n'y comprends absolument rien.

— Je comptais, ma chère tante, répondis - je,
résoudre cette question, quand nous en serions à
l'histoire des premières lunettes employées par Galilée. Je renouvellerai seulement ici quelques
observations. En parlant des lentilles, vous dites :
Celle-ci *grossit*, celle-là *rapetisse*. Ce n'est pas sous
le rapport de cet effet qu'il faut les considérer.
Vous savez déjà que le verre concave d'un objectif
contribue à augmenter sa puissance amplificative.
Les lentilles convexes et concaves se nomment

scientifiquement lentilles *convergentes* et *diver-gentes*, c'est-à-dire, qui forcent les rayons à se rapprocher ou à s'écarter. N'oubliez jamais le sens de ces deux adjectifs, et vous ne serez plus étonnée qu'un verre même très-concave puisse, appliqué *négativement*, produire l'amplification des images. Vous savez aussi que les petites lentilles conver-gentes grossissent beaucoup, comme loupes, et ra-petissent au contraire les images, quand elles jouent le rôle d'objectifs. Toute lentille élargit donc ou rétré-cit en apparence le diamètre des objets, selon son em-ploi. Celle qui est concave produit aussi deux effets inverses. Elle ne donne que des images *virtuelles*, disent les savants ; mais elle n'en agit pas moins en sens contraire par une vertu pour ainsi dire *latente*, insensible à la vue, et appréciable seulement dans ses combinaisons avec des surfaces convexes. En deux mots, l'oculaire de votre lorgnette am-plifie l'image objective, parce qu'il se saisit des rayons réfractés, porteurs de l'image réelle, avant leur convergence. Il arrête au passage l'image en-core informe, avant qu'elle se soit concentrée à l'extrémité du cône des rayons ; il l'intercepte à un endroit de ce cône inachevé, où l'œil ne la voit que trouble et diffuse. Par sa vertu dispersive, il force les rayons convergents à se dilater, à s'écar-ter, à devenir parallèles. Comme votre oculaire a rencontré l'image avant le croisement des rayons

6.

qui la portent, il s'ensuit qu'elle est droite et d'autant plus amplifiée que votre verre est plus concave. Plus il l'est en effet, plus il a de puissance pour opérer la divergence des faisceaux lumineux. Je reviendrai plus tard sur ce sujet.

— Alors, reprit ma tante, pourquoi ne fait-on pas d'immenses lorgnettes dans ce système, et seulement de fort petites? — Parce que, vu la manière dont un verre concave agit comme oculaire, si le foyer de l'objectif est très-long, la quantité de surface visible des objets diminue à tel point qu'à une lieue, on ne verrait guère que la traverse d'une aile de moulin. Je vous expliquerai un jour cet effet. (Voir 9e *Causerie*.)

Je crois, ajoutai-je, qu'il est temps de clore la séance, car dans une heure la cloche du dîner tintera, et il faut bien cet espace de temps à votre *respectueux* professeur pour faire dignement sa toilette.

TROISIÈME CAUSERIE.

—

Des grands objectifs. — Comme nous l'avons assez prouvé hier, l'objectif est la pièce principale, le grand ressort, l'âme d'une bonne lunette. On fabrique par milliers, en Europe, des petits objectifs de 3 à 5 centimètres d'*ouverture* (c'est le mot consacré), pour lorgnettes et longues-vues courantes ; on les achromatise avec plus ou moins de précision, et ils suffisent, tant bien que mal, au but qu'on se propose.

Mais il en est autrement des objectifs à larges surfaces, destinés aux observations astronomiques les plus délicates. C'est à commencer du diamètre de 81 millimètres (de 3 pouces, comme disent encore par habitude nos opticiens), qu'on doit regarder la confection des objectifs comme très-importante. Ceux de 4 pouces (environ 11 cent.) d'ouverture, s'ils réunissent la condition d'une parfaite

courbure à celle de la finesse et de la pureté du
cristal, valent de 3 à 400 francs. Passé cette dimension, qu'on regarde comme le premier degré des lunettes dites *puissantes* (elles grossissent déjà les planètes de cent cinquante à deux cents fois), le prix des
bons objectifs va, en quelque sorte, en *martingalant*
à mesure qu'on ajoute un pouce à leur diamètre.
La dimension de 6 pouces se payera de 12 à
1,500 francs, prix qui n'a rien d'exagéré pour qui
sait en apprécier la qualité. Je dirai plus : s'il remplit, tout aussi bien qu'un petit disque de 2 pouces,
les conditions d'achromatisme, de netteté, de parfaite courbure, s'il agit, en un mot, en proportion
de sa surface, celui qui le possède et qui en connaît
le mérite ne le cèderait, pour ainsi dire, à aucun
prix. Sa puissance va jusqu'à grossir quatre ou
cinq cents fois le diamètre de la lune.

Le plus vaste objectif de notre Observatoire a
38 centimètres ou 14 pouces d'ouverture, avec 25
pieds de foyer, et amplifie avec beaucoup de netteté
le diamètre apparent de notre satellite d'environ
douze cents fois. Il sort des ateliers de MM. Lerebours et Secretan. Sans aucun doute, à la prochaine Exposition, on en verra d'une dimension
encore supérieure. S'ils sont parfaits, ils vaudront
le prix d'un immeuble assez important, car c'est
par une sorte de miracle qu'on parvient à réunir
l'ampleur à l'extrême perfection.

Des défauts du verre. — Vous ne sauriez imaginer ce qu'il faut d'intelligence et de pratique, ce qu'il y a difficultés à surmonter, rien que pour obtenir, sans défauts sérieux, les deux disques de cristal d'où l'on tire les grands objectifs achromatiques. On connaît aujourd'hui les meilleurs éléments qui constituent le crown-glas et le flint-glass. Bien des verriers pourraient fondre dans leurs creusets d'énormes masses de ces deux matières; mais les obtenir pures, parfaitement limpides, exemptes de bulles d'air et de *stries*, voilà l'écueil.

Vous savez ce qu'on nomme des bulles dans le verre : quelques bulles nuisent peu à l'effet des lentilles, mais un grand nombre peut déranger ou du moins affaiblir les faisceaux lumineux. Les stries sont bien plus redoutables. Ce sont des espèces de fils, de raies, soit droites, soit ondulées en tous sens, qu'on remarque dans les cristaux ordinaires ; on dirait les traces d'un pinceau, imprégnées dans la masse du verre. A travers les vitres de votre chambre, d'une certaine distance, vous voyez les lignes des objets assez déformées par l'effet des stries; elles seraient bien autrement tordues et embrouillées si, à travers ces vitres, vous faisiez usage d'une longue-vue ; c'est au point que vous ne distingueriez plus rien.

Il faut, autant que possible, éviter toute espèce de stries dans les verres qui composent un objectif ; plus il s'en trouve, plus les images, celles des astres surtout, sont altérées, quelles que soient d'ailleurs la limpidité du cristal et la perfection de la courbe des lentilles. Pour les objets terrestres, ce défaut est moins sensible ; avec des objectifs bien·façonnés, mais assez chargés de stries, on obtient des longue-vues encore passables.

Voici la cause des stries : quand la pâte vitreuse refroidit, ce n'est pas uniformément sur tous les points de la masse. Une portion se solidifie avant l'autre ; de là, formation de couches de différentes densités ; delà, ces filets, ces *coups de pinceau* intérieurs, qui troublent la direction naturelle des rayons lumineux émanés des objets. Le meilleur moyen d'éviter les stries, c'est d'agiter la masse en fusion, pour opérer le mélange homogène des matières qui constituent le verre. Mais l'absence de bulles s'obtient, au contraire, par le repos parfait de la masse.

Ces deux moyens étant contradictoires, on tombe ainsi de Charybde en Scylla. Cependant on réussit quelquefois à obtenir d'assez grands morceaux, à peu près exempts de bulles et de stries. M. Bouchardat nous apprend, dans sa *Chimie élémentaire*, qu'après avoir brassé la masse vitreuse, on verse, dans la fonte encore fluide, une poussière d'éponge de platine, qui précipite avec elle les bulles au fond du creuset. C'est à peu près ainsi que l'albumine ou blanc d'œuf entraîne la lie du vin au fond du tonneau.

On a, cette année même, proposé à l'Académie des sciences un procédé peut-être illusoire pour éviter les bulles et surtout les stries. Il s'agirait d'adapter aux creusets des tiges métalliques qui, pendant que la matière se solidifie, feraient tourner ces creusets avec une extrême rapidité. On présume qu'alors, grâce à la force centrifuge, les bulles se dégageraient, et que les stries, s'il s'en formait, auraient une forme parfaitement circulaire, et nuiraient beaucoup moins que les stries rectilignes ou inégalement ondulées.

La masse cristalline d'un objectif doit être, relativement à sa courbe, assez épaisse pour que les rayons s'y réfractent suffisamment, mais il faut éviter un excès d'épaisseur, car il se perdrait, par absorption, trop de lumière.

— Maintenant, interrompit ma tante, je sens la valeur du verre d'optique. Je vais, à partir d'aujourd'hui, veiller à ce que ma grosse jumelle ne tombe jamais. — Les objectifs de lorgnettes, répliquai-je, se fabriquent par milliers et n'exigent pas d'énormes blocs de cristal sans défauts. C'est à partir de 3 pouces, je le répète, que la fabrication des objectifs prend une réelle importance. — Mais n'at-on jamais essayé d'en construire avec une autre matière que le cristal factice ? — Certainement ; on a tenté d'en faire avec des espèces de flacons, taillés en forme de lentilles convexes ou concaves, qu'on remplissait de divers liquides, possédant des propriétés analogues à celles du crown et du flint. Mais la difficulté inouïe de confectionner avec précision les surfaces de ces sortes de vases occasionnait de si grandes dépenses, qu'on y renonça. On a aussi fabriqué des crowns avec du cristal de roche. Je reparlerai un jour (14ᵉ *Causerie*) de ces objectifs exceptionnels.

Il est bien difficile d'apprécier la bonté d'un objectif à la simple vue. On juge seulement, en le plaçant entre l'œil et le ciel, s'il est d'une belle eau, et s'il est exempt de bulles ; on distingue aussi à l'œil des stries bien prononcées ; mais c'est par l'essai direct, sur les astres, de la lunette dont il fait partie, qu'on reconnaît les stries plus faibles et pourtant fort nuisibles, ainsi que le degré de perfection des courbes, du centrage et de l'achromatisme des deux lentilles.

On a indiqué plusieurs moyens pour reconnaître à la main les stries les plus subtiles d'un objectif. Smith (savant Anglais, qui a publié en 1738 un traité d'optique), conseille de le regarder obliquement dans un faux jour, ou à la lueur d'une bougie, etc. Pour moi, je ne connais qu'un procédé efficace : c'est de l'adapter à un corps de lunette à tirages. S'il a 1 mètre de foyer, on réduit les tubes à une longueur de 75 ou 80 centimètres, puis on dirige l'objectif (sans emploi d'oculaire) sur un fond assez obscur; alors on regarde. Comme l'image aérienne n'est pas encore formée, on ne voit qu'une sorte de brouillard confus ; c'est alors que les défauts du verre prédominent, et que les moindres stries apparaissent. Mais, en général, les grands télescopes ont leurs objectifs montés sur des tubes de cuivre d'une longueur fixe : on ne peut donc immédiatement les soumettre à cet essai.

— Au sujet des gros objectifs, dit à son tour Pauline, je fais une réflexion. J'ai vu, l'an dernier, au haut des phares d'Ingouville, d'énormes lentilles composées de plusieurs pièces de verre rapportées, en forme de cercles. Pourquoi n'appliquerait-on pas ce système à la confection des deux disques d'un objectif?

— Ces lentilles dites *à échelons*, et dues à Fresnel, sont bonnes pour concentrer les rayons solaires, ou projeter au loin la flamme d'un phare, car ces deux fonctions n'exigent pas la précision mathématique nécessaire au bon effet d'un objectif. Les bulles, les stries, des parcelles de fer même, semés dans la masse vitreuse, ne nuiraient guère au résultat désiré. Mais qui oserait composer un objectif de dix ou quinze pièces de cristal rapportées? Supposons tous les morceaux sans défauts graves, d'une densité et d'une teinte homogènes, ce qui

7

est une large concession, comment ajuster chaque pièce avec tant d'exactitude, que l'ensemble ait une courbure parfaite? chaque jointure, à mon avis, serait une cause de déformation de l'image, une sorte de strie.

On est étourdi quand on lit dans le *Traité d'optique* de Smith les procédés compliqués autrefois mis en œuvre pour façonner d'assez larges objectifs simples, taillés dans des morceaux de glace de Venise. Nos objectifs achromatiques exigent encore bien plus d'habileté pratique et d'intelligence. Si j'entreprenais de vous expliquer toutes les parties de ce travail, il me faudrait des journées entières. Or, ce me semble, nul de nous n'a l'intention de fabriquer de grands objectifs; laissons donc ces questions de côté, pour en aborder d'autres plus intéressantes.

Champ des lunettes. — A propos de questions, dit ma tante, j'en ai une à vous faire depuis longtemps. Je vais la mettre sur le tapis pendant que j'y pense. Si l'on voulait, avec un grossissement de cent fois, par exemple, distinguer un grand nombre de détails dans un paysage, réussirait-on à construire un objectif convenable? En un mot, peut-on apercevoir, dans une certaine lunette, autant d'objets qu'en embrasse un de nos yeux? — Non pas : c'est tout à fait impossible. Quand on est ambitieux en fait de grossissement, on doit se résigner à voir peu d'objets à la fois. — Mais si on élargit l'objectif? — Si son foyer reste le même, si on n'affaiblit pas la puissance de l'oculaire, les objets sont plus lumineux, mais la quantité qu'on en aperçoit ne change pas. La largeur de l'objectif n'a aucune influence sur la dimension du *champ* d'un télescope : c'est la longueur du foyer qui en détermine la limite.

L'ouverture du tube d'une lunette, comme le fait observer M. Arago, ne peut se comparer à une fenêtre ouverte. J'ajouterai qu'on peut s'approcher tout près d'une fenêtre; donc plus elle sera large, plus on verra d'objets à la fois. Mais plus est grande l'ouverture de la lunette, plus notre œil est obligé de s'en éloigner, car l'objectif a un foyer d'autant plus long. Qu'un objectif soit grand ou petit, à égalité de courbure et par conséquent de foyer, il reçoit la même quantité d'objets à la fois. Mais le grand admettant plus de rayons, son image est plus lumineuse et supporte un puissant oculaire. Si l'on rétrécit des trois quarts la surface d'un objectif, au moyen d'un diaphragme ou d'un disque de papier, et sans changer l'oculaire, le champ ne diminue pas. Le foyer étant le même, on voit à la fois la même quantité d'objets, mais ils sont trois fois moins lumineux, puisqu'il n'y a d'admis qu'un quart des rayons. La largeur d'un objectif, à foyer égal, augmente donc la clarté, mais non le champ. L'expérience que j'indique est facile à faire.

— Comment! s'écria Pauline, si l'on appliquait sur un objectif un disque de carton qui ne laissât à découvert que ses bords, en forme d'anneau, on verrait encore l'image, même dans sa partie centrale, avec sa forme réelle et de même grandeur? — Sans aucun doute : couvrez un objectif d'un disque métallique, percé au hasard de trous de n'importe quelle forme, l'image ne sera aucunement altérée ni diminuée, mais seulement obscurcie, car les portions masquées ne font obstacle ni à l'arrivée, ni à l'ordre des rayons. — C'est inconcevable! — La science explique ainsi ce fait : *chaque point de la surface de l'objectif concourt à la formation d'un point quelconque de l'image.*

— Mais ne peut-on faire des lunettes qui aient plus de champ que d'autres? — Oui, certes, mais voici à quelle condition : il faut sacrifier une partie du grossissement qui vient, soit de l'objectif, soit de l'oculaire. Ayez un objectif le plus convexe que le permettent les lois de l'achromatisme (il y a une limite au degré de courbure), il admettra deux fois plus d'objets qu'un autre de même surface, qui serait une fois moins convexe; mais aussi son foyer sera de moitié plus court; par suite, les détails de l'image réelle une fois plus petits. A égalité d'oculaire, le premier aura le champ double de. celui du second. Si vous préférez, choisissez le moins convexe des deux, et diminuez de moitié l'amplification de l'oculaire, vous obtiendrez le même résultat, voici comment : cet oculaire grossira moins ; donc ses lentilles seront plus larges, d'un plus long foyer, et permettront au champ de contenir plus d'objets.

— Ah çà, interrompit ma tante, notre professeur s'embrouille ; si l'oculaire a un long foyer, il grossira davantage. — Il grossira moins, répondit Pauline, puisqu'il agit comme loupe ; c'est le contraire des objectifs. Plus l'oculaire est convexe, ou à court foyer, plus il grossit.

Après avoir félicité du regard ma jeune élève, je continuai : — Si l'on place l'un devant l'autre deux objectifs égaux de foyers, la somme de leur courbure s'ajoute ; leur foyer combiné devient moitié plus court, la dimension de l'image diminue en proportion, et le champ est doublé.

— Je vois d'ici, dit Pauline, un moyen de contenter tous les goûts. Si je choisissais un objectif très-bombé et un oculaire très-grossissant, il me semble... — Vous imaginez là, petite cousine, un instrument impossible à exécuter et que bien des opticiens ont rêvé ; ce serait en effet la réunion de tous les avantages : lunette courte, champ vaste et amplification prodigieuse. Raisonnons : supposons un objectif de 4 pouces d'ouverture et très-

7.

convexe. Ce sera comme un gros œil qui, par l'effet de sa courbure, pourra admettre beaucoup d'objets. Mais son foyer n'aura guère que 50 ou 60 centimètres. On fait d'assez bons daguerréotypes avec de tels verres, parce que les images qu'ils produisent n'ont pas besoin d'être amplifiées. Pour nous, il nous faut ajouter un oculaire. S'il grossit très-peu, nous verrons presque toute l'image reçue par l'objectif, mais avec une augmentation de huit à dix diamètres au plus. En somme, nous posséderons une sorte de lorgnette de théâtre assez embarrassante.

— Je conçois, dit Pauline, que l'image objective ne puisse être grossie davantage par l'objectif, mais c'est de l'oculaire que nous obtiendrons du succès. Mettons là un microscope qui grossisse à lui seul cent fois. — Eh bien, qu'arriverait-il? Supposons l'objectif assez parfait (ce qui est impossible) pour supporter ce microscope. La lumière de l'image va devenir cent fois moindre ; ce sera presque de l'obscurité. De son côté, le champ sera réduit à la centième partie de sa surface primitive; nous voilà bien avancés ! Les meilleurs objectifs de ce genre n'ont donné que de médiocres résultats. Quand on grossit à l'excès par l'oculaire, alors, malgré l'achromatisme, les aberrations de réfrangibilité et de sphéricité apparaissent; l'image d'ailleurs perd, par la diminution de son éclat, l'avantage de l'amplification, et on obtient à grands frais une lunette inférieure à une de moindre ouverture, qui coûterait deux fois moins cher. Les meilleurs télescopes réfracteurs reposent sur une sage combinaison, établie entre les proportions de leur ouverture et la longueur de leur foyer.

Voici, au sujet du champ des lunettes, ce que dit M. Arago : « Le champ d'une lunette diminue « avec le grossissement; car, à mesure que le « grossissement augmente, les dimensions trans- « versales de la lentille oculaire doivent dimi- « nuer. » Méditons bien cette phrase, nous saurons comment on obtient des instruments d'un champ étendu. La longue-vue marine a beaucoup de champ, mais grossit peu, car son objectif est en général à court foyer, et son oculaire, formé de lentilles larges, peu convexes, capables de recueillir, dans toute son étendue, l'image objective, possède un faible pouvoir amplifiant. N'oublions jamais qu'un long foyer dans l'oculaire, qui agit *virtuellement*, implique une médiocre aptitude à grossir; c'est le contraire quand il s'agit des lentilles objectives, qui produisent des images réelles.

Dans une de nos prochaines leçons, je vous reparlerai du *champ* des télescopes, à propos des oculaires astronomiques.

QUATRIÈME CAUSERIE.

De l'amplification provenant des objectifs. — Lunettes appliquées à l'observation des objets terrestres. — Pertes qu'éprouve la lumière en traversant l'air et les lentilles. — Obstacles qui limitent l'effet des gros télescopes.

—

Grossissement fourni par l'objectif. — La plupart des traités sur les télescopes à réfraction n'ont pas assez précisément indiqué la part d'amplification qui vient de l'objectif. C'est pourtant aux lentilles objectives, tout aussi bien qu'à celles des oculaires qu'est due la puissance des grandes lunettes. On redoute trop de nos jours l'embarras de loger les instruments : en voulant les faire trop courts, on finira, comme je le disais hier, par leur ôter leur perfection. Mon dessein n'est pas d'approuver l'excès contraire ni de revenir aux longs tuyaux de Cassini, mais il faut tenir un juste milieu que nos bons opticiens connaissent, et d'où résulte le meilleur effet possible pour l'amplification, le champ et la clarté.

Avec une longueur focale, que j'évaluerai *ap-*

proximativement à 16 centimètres, un objectif fournit une image réelle *à peu près* égale en surface à
l'objet observé à l'œil nu. Au-dessous de cette longueur focale, un objectif, quel que soit d'ailleurs
son diamètre, produira des images plus petites que
l'objet apparent, et, s'il existe des longues-vues
ou des lorgnettes de 8 à 10 centimètres seulement
de foyer, qui grossissent de six à huit fois, c'est
par le seul effet d'oculaires très-convexes ou très-
concaves , et aux dépens du champ.

Partant donc de cette limite, nous supposerons
que toute image objective, *au-dessus* de 16 centimètres de *foyer réel* [1], va en augmentant avec la
distance focale, c'est-à-dire, acquiert un diamètre
de plus que l'objet observé à l'œil nu, par chaque
quantité de 16 centimètres ajoutée à la longueur
du foyer. Un objectif de 112 centimètres de foyer
réel fournira une image de la lune contenant sept
fois le diamètre de son disque perçu à la vue simple.

Je ne pose pas cette règle comme une loi abso-
lue, car le degré de presbytisme ou de myopie de
chacun constitue, sur ce point, une certaine différence dans les résultats. J'ai, approximativement,
je le répète, établi ce calcul au moyen du procédé

---

[1] Le foyer *réel* ou *fixe* est le point où se réunissent des
rayons partis d'assez loin pour qu'on les regarde comme
parallèles, comme venant de l'*infini*. (Voyez page 90.) Il
s'agit ici d'objets *placés à l'infini*.

dont usait Galilée pour mesurer l'amplification de
ses télescopes, procédé fort simple, mais non précis, que je décrirai plus loin (6ᵉ *Causerie*).

N'oublions donc jamais ce principe incontestable :
l'image réelle est d'autant plus petite que le foyer
de l'objectif est plus court. A la vérité, si on élargit la surface de l'objectif en lui conservant le
même foyer (il s'agit ici d'un objectif bien achromatisé), l'image devenant plus lumineuse (mais
non plus grande) supportera un oculaire plus grossissant ; mais, je le répète, les lunettes construites
dans ce système, qui a des limites assez étroites,
ne peuvent jamais acquérir la même puissance, à
netteté égale, que celles de même ouverture à plus
long foyer.

Il résulte des explications précédentes que le
grossissement donné par un excellent objectif à
long foyer suffirait seul à des observations astronomiques. On peut, à la rigueur, se passer d'oculaire, et il n'est même pas nécessaire, dans ce cas,
que la lentille objective soit achromatique, puisqu'on ne grossit pas son image. Un objectif simple
de 5 mètres de foyer, et d'une parfaite courbure,
fournirait à lui seul une amplification capable de
détacher nettement l'anneau de Saturne.

Ce serait retomber, je l'avoue, dans le système
des anciennes lunettes, et l'on pourrait me dire
qu'il coûterait bien peu d'y ajouter un oculaire

d'un foyer proportionné, qui en doublerait au moins l'effet.

William Herschel se servait quelquefois, sans emploi d'oculaire, de son gros télescope, dont le miroir produisait par réflexion des images réelles semblables à celles que donne un objectif à lentille achromatique. Ce miroir ayant 12 mètres de foyer, l'image focale avait déjà une forte amplification, avec un admirable éclat. Il est probable que les astronomes du dix-septième siècle, pour obtenir le plus de netteté possible, se servaient souvent de leurs très-longues lunettes sans recourir à des oculaires, d'autant plus que ces oculaires ajoutaient peu à l'amplification totale.

Le télescope réfracteur n'est donc pas, comme on l'a dit quelquefois, précisément l'inverse du microscope, instrument qui tire presque tout son grossissement de la très-petite lentille qui lui sert d'objectif. Il est certain que l'objectif d'un télescope contribue pour une part notable à l'effet général. Mais j'ajouterai que, depuis l'achromatisme, l'oculaire joue le rôle le plus important, et que, dans le microscope, c'est évidemment le contraire.

— Ah çà, objecta Pauline, vous nous avez dit et prouvé que les objectifs très-convexes donnent de très-petites images réelles, comment alors grossit un microscope composé? J'en ai vu un dont la lentille objective était comme un grain de millet, et pourtant... — Pour expliquer les mystères du microscope, il faudrait entrer dans de nouveaux détails scientifiques. Or, je ne me suis engagé à décrire que les télescopes ; le travail est déjà bien assez compliqué. Quelle que soit la théorie des effets du microscope, cette théorie ne pourrait détruire les vérités que je vous ai démontrées à propos des lunettes.

Lunettes terrestres. — On nomme spécialement *lunettes d'approche* (ou *longues - vues*) celles appliquées à l'observation des objets terrestres. C'est tout à fait le même instrument que celui destiné à l'astronomie, sauf qu'on y adapte un autre genre d'oculaire, et qu'il n'exige pas la même précision dans sa monture, ni la même perfection dans son objectif. C'est pourquoi, à égalité de dimension, une lunette pour la terre coûte presque moitié moins que celle destinée à amplifier les astres. Je l'ai déjà dit, on peut construire avec d'assez médiocres objectifs des longues—vues satisfaisantes. Mais pour voir la nôtre fonctionner dans les meilleures conditions possible, nous la supposerons munie d'un objectif d'une courbure parfaite, c'est-à-dire qui permette à tous les rayons lumineux réfractés de conserver avec précision l'ordre suivant lequel ils sont partis des objets lointains ; les verres en seront très-limpides et sans défauts ; les diverses pièces bien centrées et bien ajustées.

Nous allons voir maintenant combien de causes étrangères viendront, le plus souvent, rendre presqu'inutile cette excellence de l'objectif, quand on observe des objets terrestres, surtout dans une plaine, ou du haut d'une terrasse de Paris. Les rayons lumineux émanés des objets, quand ils arrivent à l'objectif, ont traversé une longue couche d'air, remplie des vapeurs qui s'élèvent du sol ou des rivières et troublée par la poussière des grandes routes. La lunette grossit, en proportion de sa force, ces causes matérielles de l'impureté de l'atmosphère. Ajoutons que, par l'effet de la réverbération du soleil sur le sol, les couches d'air diversement échauffées se brouillent, s'agitent comme des vagues et produisent une ondulation si forte, en été surtout, qu'à 1 lieue de distance, dans une lunette moyenne, les détails de ces objets deviennent tout à fait informes et indistincts, comme l'image de la lune que réflète une eau houleuse. A Paris, il y a de plus, la fumée d'une myriade de cheminées, et ce brouillard épais, roussâtre, chargé de miasmes de toutes sortes qu'exhalent la respiration de tant d'hommes et tant de marchandises entassés. Plus on regarde au loin, plus s'épaissit, par l'action amplifiante de la lunette, cette couche de vapeurs impures, interposée entre elle et les objets. Vu toutes ces raisons, on n'obtient presque toujours, même avec le meilleur instrument, que des résultats bien imparfaits.

Il faut noter que l'air le plus limpide est lui-même, quand la couche en est épaisse, un obstacle à la parfaite netteté de l'image, car il absorbe une certaine portion de l'éclat des rayons, par la même raison qu'une masse vitreuse finit, quand on en augmente à l'excès l'épaisseur, par ne plus laisser passer le jour.

Un savant mathématicien, Bouguer, a fait le calcul suivant : une masse d'air pur, de 189 toises d'étendue horizontale, fait perdre à la lumière un centième de son éclat, et une épaisseur de 7,469 toises en absorbe le tiers, c'est-à-dire qu'à cette distance (environ 4 lieues), un objet paraît d'un tiers moins lumineux que vu de près.

Quand on observe une maison située sur une haute montagne, la couche d'air que traverse l'axe de la lunette, étant plus éloignée du sol, est moins impure, moins vacillante, et l'image est plus nette. Quand on regarde un astre placé au zénith, c'est la condition la plus favorable, puisque la colonne atmosphérique est la plus courte possible; c'est le contraire si cet astre est à l'extrême horizon. Le même savant a calculé que, sur 10,000 rayons qu'envoie un planète, notre œil en reçoit 8,123 au zénith, et à peine 47 à un degré au-dessus de l'horizon.

Outre les inconvénients que je viens de signaler, ce qui contribue encore à ôter de leur pouvoir aux meilleurs objectifs, c'est que la lumière s'affaiblit toujours un peu en traversant le verre, soit qu'elle s'y réfracte, soit qu'elle s'y disperse. Une portion est, en outre, repoussée, réfléchie par les surfaces nécessairement polies des lentilles, comme par un miroir. Un large verre concave, bien que transparent, réfléchit assez de lumière sur sa face creusée pour que les rayons, renvoyés au même point, vu sa forme, allument l'amadou, à la manière des miroirs concaves. Or, dans la lunette terrestre, on emploie des oculaires composés de quatre lentilles, deux au moins de plus que n'en ont ceux destinés à l'astronomie ; nouvelle source de déperdition, à laquelle il faut ajouter celle due à l'effet du *second* croisement des rayons, puisque l'image paraît droite. Pour toutes ces causes, avec le même instrument, on doit employer, sur les objets terrestres, à objectif égal, des amplifications moindres de moitié ou même des trois quarts que sur les planètes vues au zénith.

On lit dans le *Traité d'optique* de Lacaille : « Quoique la force de la lumière décroisse rapide- « ment, en s'éloignant de son origine, cependant « l'éclat d'un même corps lumineux vu à une dis- « tance *quelconque*, dans un milieu parfaitement « *libre* et avec une *même* ouverture de prunelle,

« est constant. » M. Arago exprime ainsi la même idée : « Un objet lumineux ayant un *diamètre sen-* « *sible* conserve le *même* éclat à *toutes* les distances. » Il résulte de cette loi d'optique que, à travers l'espace vide (en dehors de notre atmosphère), les objets les plus éloignés peuvent paraître fort petits, mais sont aussi éclatants que vus de près.

— Pour moi, dit ma tante, je déclare n'en rien croire. Je regarde impunément une étoile, mais si elle était aussi proche de nous que le soleil, elle m'éblouirait sans doute et serait je ne sais combien de fois plus éclatante que vue à sa place actuelle.
— Entendons-nous : elle serait éblouissante, parce que vous en verriez à la fois une surface peut-être vingt millions de fois plus étendue ; mais souvenez-vous que les étoiles n'ont pas de diamètres sensibles, même pour les plus forts télescopes. Si vous regardez le soleil à travers un trou excessivement petit, quoique vous aperceviez encore une portion de son disque infiniment plus grande que le point lumineux nommé étoile, vous commencez à n'être plus si éblouie, bien que l'éclat soit le même.

La lumière réfléchie par les objets terrestres est sujette à la même loi, mais elle s'affaiblit énormément par les causes susdites. Aussi la même lunette, qui grossit avec netteté deux cents fois la lune au zénith, ne peut supporter sur terre, pour un objet éloigné de 2 ou 3 lieues, qu'une amplifica-

8.

tion d'environ soixante-dix fois, à moins qu'un vif soleil ne l'éclaire, ou que l'on n'emploie, comme sur les astres, un oculaire qui ne redresse pas l'image.

Plus les objets observés sur terre sont distants, plus il faut rentrer le tube de l'oculaire, puisque le foyer est plus court; c'est le contraire quand les objets sont très-proches (voy. page 51), parce que l'image focale se forme plus loin. Un oiseau vu à vingt pas paraîtrait monstrueux dans une lunette de 6 pouces d'ouverture, car alors elle agirait comme une sorte de microscope à distance, qu'on nomme *micro-télescope*.

Foyer réel des lunettes. — Il y a une limite passé laquelle l'image des objets terrestres, quel que soit leur éloignement, se forme au même point; ce point est le foyer *réel*, absolu, fixe de l'objectif. On dit alors que les objets sont placés *à l'infini*, et que les rayons qu'ils nous envoient sont positivement parallèles. Selon M. Person et autres physiciens, un objet est supposé à l'infini quand il est distant d'au moins *dix mille* fois la longueur du foyer réel. Si donc une lunette a 1 mètre de foyer réel, l'image d'un objet placé soit à 10,000 mètres, soit beaucoup plus loin, se forme *invariablement* au même point de l'axe de la lunette. Mais chaque observateur n'en doit pas moins mettre l'oculaire à son point de vue. Il distingue alors, sans avoir à modifier le point de vision, les planètes, les étoiles ou tout autre objet placé à l'infini.

M. Arago (*Vie de W. Herschel*) dit, à propos des étoiles nébuleuses : « Dès que les objets sont éloi-« gnés d'un *millier* de fois la longueur d'un téles-« cope... des millions, des milliards de lieues, c'est « tout un ; les images se forment au même foyer, « sans différence appréciable. » Évidemment il y a ici erreur. Si, avec un télescope réfracteur ou à miroirs, ayant *un* mètre de foyer réel, et mis au point, on voit *nettement* un objet distant de 2,000 mètres, ou de deux mille fois sa longueur focale, on sera obligé de rentrer encore l'oculaire pour distinguer avec la même netteté un objet placé à 4,000 mètres, et, plus encore, s'il est à 2 lieues. Le chiffre de M. Arago est donc trop faible pour désigner la distance à laquelle un objet doit être supposé placé à l'infini.

Obstacles à l'action des fortes lunettes. — C'est pour les seuls astronomes, qui ont à observer des corps très-lumineux, détachés sur un fond noir et dans un éloignement presque vertical, que l'on construit les puissantes lunettes ; car les objets terrestres, étant noyés au milieu d'épaisses exhalaisons, de couches d'air poudreuses et de densités hétérogènes, plus l'instrument amplifie, plus sa puissance exagère les causes mêmes qui sont préjudiciables à son action. Le mieux, en fait de longues-vues, c'est de se borner à une ouverture de *trois* pouces. Passé cette dimension, les énormes frais d'un bon télescope ne sont plus en rapport avec les résultats obtenus. Pour en tirer de merveilleux effets de rapprochement, il faudrait un air d'une extrême limpidité, comme il arrive après une pluie d'orage, quand le soleil inonde les objets lointains d'une éclatante lumière. Par malheur, sous notre climat brumeux, cet état favorable et exceptionnel de l'atmosphère se présente bien rarement.

Au reste, trop souvent aussi pour les astronomes des villes, la couche d'air adhérente au sol, et que les rayons venus des astres doivent traverser, est chargée d'exhalaisons de toutes sortes. Dans les hautes régions de l'atmosphère s'entre-choquent des vents qui la troublent. En outre, les différences d'homogénéité dans les couches d'air ascendantes ou descendantes engendrent des ondulations, des tremblements qui déforment les images des corps célestes. Il est vrai qu'au milieu de la nuit, ce dernier inconvénient est moins sensible qu'en plein jour, parce qu'alors, en l'absence du soleil qui l'occasionne, les couches d'air reprennent un peu leur équilibre. Que dirai-je surtout de ces nuages obstinés, qui condamnent pendant des mois entiers l'observateur le plus zélé à une complète

inaction ? M. Arago, dans sa *Vie de Bailly*, présente
un tableau peu attrayant du métier de l'astronome
praticien, sans cesse en proie à mille petites misères
qui viennent troubler ses nuits et le cours silen-
cieux de ses observations.

On le voit, il ne suffit pas, pour faire de l'astronomie, de posséder une excellente lunette, il
faut encore avoir la chance des heureuses circonstances. Le tube, par exemple, doit être, ainsi que les
verres, à la même température que l'air extérieur,
et le tout en équilibre avec celle de la chambre,
si c'est par une fenêtre qu'on est obligé de faire
ses observations (système que condamne M. Arago,
mais qu'on est souvent contraint d'adopter faute
de mieux). Si l'air de la chambre est plus chaud ou
plus froid que celui du dehors, il se produit une
agitation qui ôte aux images cette immobilité sans
laquelle on ne peut les voir nettement. L'objectif est-
il froid et l'air extérieur humide et chaud ; le verre
se couvre de vapeurs condensées, comme une carafe
d'eau à la glace. Dans ce cas, il est vrai, il existe un
remède : on ajoute, au gros bout de la lunette, un
rouleau de papier *buvard* qui le dépasse ; ce cylindre absorbe toute la vapeur aqueuse, en attendant
que la température de l'air et celle de l'objectif
soient de niveau. W. Herschel recommandait à ses
collègues de rester au moins vingt minutes dans
une complète obscurité, avant d'observer le ciel,

afin que l'œil ne conservât aucune trace de lumière étrangère, qui l'éblouirait et l'empêcherait de bien voir les astres, surtout ceux d'une faible clarté, comme les satellites des planètes.

CINQUIÈME CAUSERIE.

Des oculaires célestes ou astronomiques. — Divers systèmes d'oculaires terrestres ou redresseurs.

—

Oculaires célestes. — La construction des petites lentilles destinées aux oculaires exige moins d'habileté que celle des lentilles objectives ; néanmoins leur perfection a de l'importance, puisqu'elle contribue, en certains cas, à améliorer l'effet de l'objectif lui-même.

Les oculaires des puissantes lunettes n'ont pas une superficie proportionnée à celle de leurs objectifs. Au contraire : les énormes et très-lumineuses images que fournissent les larges objectifs bien achromatisés peuvent être observées avec des loupes d'un grand pouvoir amplificatif ; c'est assez dire que ces loupes sont très-petites. Leurs faces devant être très-convexes et leur foyer très-court, cette double condition entraîne celle d'un étroit diamètre.

Règle générale : plus on peut distinguer de près

et nettement un objet, plus on le voit amplifié. Si l'on place devant et très-près de l'œil une carte percée au centre d'un trou d'aiguille, ce diaphragme rétrécit la surface de la prunelle, qui peut alors, sans éblouissement, se rapprocher quatre ou cinq fois davantage des objets. Il en résulte qu'on voit les caractères d'un livre grossis de quatre ou cinq diamètres; seulement l'éclat du papier diminue d'intensité.

Les petites lentilles agissent d'une manière analogue, sans produire le même obscurcissement. Elles réduisent le champ de la vision, mais amènent au fond de l'œil l'image des objets, plus ou moins amplifiée, selon leur degré de courbure. Une lentille grossit cent fois quand l'œil, par son entremise, peut se rapprocher des objets cent fois plus près qu'à l'état naturel. Une lentille qui a 1 millimètre de foyer amplifie environ de cette quantité. Elle est fort petite, puisqu'on doit la considérer comme une portion, un *segment* détaché d'une boule de verre, dont le diamètre serait d'un millimètre, plus un dixième. Cette remarque s'applique à toutes les lentilles; celle de 1 mètre de foyer est le segment d'une sphère vitreuse qui aurait 110 centimètres de diamètre.

Les personnes étrangères à l'optique, en voyant ces épaisses et larges lentilles nommées *demi-boules*, qu'on applique à la fantasmagorie et à l'éclairage,

s'imagineraient volontiers qu'on doit en obtenir
un prodigieux effet de grossissement : qu'elles se
détrompent. Il est de ces demi-boules qui ont
33 centimètres de diamètre, et qui, par le fait, grossissent fort peu. Une semblable lentille, de 1 cen-
timètre de foyer, amplifie bien davantage : seulement elle embrasse moins de surface.

Ces principes posés, nous allons concevoir le
mécanisme des lentilles oculaires. Quand on fabriquait des objectifs simples à très-longs foyers,
l'image aérienne, pour ne pas être déformée par
les *iris*, devait être peu grossie, par conséquent
être examinée avec des loupes également à longs
foyers. Une lunette de 100 pieds avait un oculaire
de 6 pouces (ou demi-pied) de foyer, c'est-à-
dire d'une longueur à peu près égale au diamètre
de l'objectif. Les lentilles oculaires devant être peu
convexes, on leur donnait une assez large superficie, de manière à ne perdre aucun des rayons de
l'image aérienne, à jouir de tout le champ. On dé-
duisait l'amplification *linéaire* ou diamétrale de
l'instrument, de la quantité de fois que le foyer de
l'objectif contenait celui de l'oculaire. Un demi-
pied étant contenu deux cents fois dans 100 pieds,
on en concluait que l'instrument grossissait deux
cents fois le diamètre des objets.

Depuis qu'on achromatise les objectifs, les règles
concernant les oculaires ont bien changé ; et

9

même avant l'achromatisme, on fabriquait déjà, par exception, des télescopes à objectifs simples, capables de supporter des oculaires plus courts de moitié. Aujourd'hui, nos objectifs bien achromatisés supportent des oculaires vingt ou trente fois plus courts que par le passé.

Les opticiens assurent que, dans une excellente lunette, les lentilles oculaires doivent être tirées du même bloc de crown-glass que la lentille objective. Il en résulte plus d'harmonie dans toutes les parties vitreuses qui concourent à l'effet général, parce que la densité et la puissance réfractive de tous les verres sont identiques.

Les lunettes astronomiques sont, en général, accompagnées de plusieurs oculaires de foyers différents; on emploie tantôt l'un, tantôt l'autre, suivant l'éclat des corps célestes à observer ou la quantité d'objets qu'on veut embrasser à la fois. Les oculaires de très-court foyer, les plus amplifiants, ne s'appliquent guère qu'aux étoiles fixes, dont la vive lumière suffirait, pour ainsi dire, à un grossissement infini, si ce grossissement n'était limité par l'imperfection des humeurs de l'œil, et par celle des instruments les mieux établis.

C'est avec ces puissants oculaires, qui réduiraient à l'obscurité, en l'étalant trop, la lumière d'une planète, qu'on parvient à distinguer les étoiles en plein jour, comme je vous l'ai déjà expliqué (page 31). Pour distinguer nettement Saturne, dont la surface est assez terne, vu sa grande distance du soleil, on a recours à un oculaire moins fort que pour la lune. S'il s'agit d'observer à la fois plusieurs astres assez éloignés l'un de l'autre, on aura besoin d'un champ plus vaste ; on aura donc recours à un oculaire plus large et à plus long foyer, c'est-à-dire d'un faible pouvoir amplificatif. Une série de quatre ou cinq oculaires suffit à tous les genres d'observations.

Oculaires célestes à lentilles combinées. — J'ai considéré jusqu'ici tous ces oculaires célestes comme consistant en une simple lentille plus ou moins convexe ; mais, depuis bien des années, on emploie de préférence une combinaison de deux lentilles éloignées l'une de l'autre de la distance respective de leurs foyers.

Notons d'abord que les lentilles simples les mieux travaillées ne sont jamais, quand elles sont très-convexes, exemptes d'aberration de sphéricité. Il faut donc en rétrécir la surface au moyen d'un diaphragme, ce qui en diminue le champ. A l'aide de deux lentilles, on voit en totalité l'image objective, et si elles sont parfaitement centrées, leurs défauts se corrigent mutuellement. Au reste, leur puissance amplificative diffère peu de celle de l'oculaire simple, la lentille voisine de l'œil en donnant à peu près seule la mesure. Celle qui regarde l'objectif est plus large que l'autre : son emploi est de rassembler et de faire converger vers la plus petite tous les rayons venant des bords, qui seraient perdus. Le champ acquiert ainsi toute son étendue réelle.

Campani, célèbre opticien de Rome, vers le milieu du dix-septième siècle, imagina cet accouplement de lentilles, pour élargir le champ du microscope composé. Dès cette époque, ou à peu près, on appliqua le même système aux télescopes réfracteurs, et un peu plus tard aux télescopes à miroirs.

Les deux lentilles sont presque toujours plans-convexes, forme qui donne le même résultat que celles biconvexes, et comme elles sont plus minces, il y a un peu moins de lumière d'absorbée.

Il existe deux manières de les placer. Dans l'un de ces systèmes, les faces convexes se regardent, à l'intérieur du tube, les faces planes étant tournées, l'une (la plus large) vers l'objectif, l'autre vers l'œil de l'observateur. On appelle cette combinaison oculaire de Ramsden, ou système *positif*, probablement parce qu'il amplifie l'image *positivement* comme si l'on n'employait qu'une seule lentille.

Dans l'autre système, dit de Huygens, ou *négatif*, la lentille voisine de l'œil est placée de même, mais la plus large tourne vers l'objectif sa partie convexe. Avec cette combinaison, on obtient, selon M. Pouillet, cet avantage : comme l'image objective, par une cause que je n'expliquerai pas ici, vient se projeter entre les deux verres, on peut placer dans le tube un micromètre ou assemblage de fils croisés qui servent à mesurer le diamètre des diverses parties de l'image. On ne risque pas, de cette manière, de briser ces fils d'une ténuité extrême, comme il arrive quand on les place derrière l'oculaire. Les meilleurs opticiens donnent, pour cette raison, la préférence au système négatif.

Herschel appliquait de préférence, à ses gros télescopes à miroirs, des oculaires simples, sans doute parce qu'il y a un peu moins de lumière d'absorbée, mais les oculaires doubles n'en sont pas moins plus avantageux.

Herschel se servait aussi quelquefois, pour amplifier l'image aérienne fournie par ses vastes miroirs, d'oculaires simples, concaves et divergents, qu'il plaçait en deçà de l'image. C'était sans doute dans quelques cas particuliers où il pouvait sacrifier le champ à la clarté, et désirait observer les objets à l'endroit. Je reparlerai, à propos des lunettes de Galilée, de cet oculaire concave dont il a déjà été question (page 64), et le premier probablement appliqué aux télescopes. Je ne sache pas qu'aujourd'hui aucun opticien ou astronome songe à s'en servir, sinon pour les lorgnettes ; je le mentionne donc ici pour mémoire.

Les oculaires convexes en cristal de roche offrent-ils de l'avantage ? A égalité de surface et de courbure, ils ont un foyer plus court que le crown-glass ; ils peuvent donc contribuer à agrandir le champ et à raccourcir la lunette, mais il est difficile de tirer de cette matière de bonnes lentilles, à cause de sa dureté et surtout de sa propriété *biréfringente*, qu'il serait trop long de vous expliquer.

On est parvenu, assure M. Arago, à fabriquer des lentilles de verre d'une si extrême petitesse qu'elles n'ont qu'un dixième de millimètre de foyer. Une telle loupe doit grossir mille fois le diamètre des objets, puisque, selon M. Person, celles de 1 millimètre de foyer l'amplifient déjà cent fois. Selon le même physicien, une lentille en diamant aurait, à courbure égale, un foyer presque deux fois plus court.

S'il n'y a pas d'exagération, il appert qu'une lentille de diamant d'un dixième de millimètre de foyer produirait à elle seule une amplification de presque *trois mille fois*, appliquée, bien entendu, à des objets d'une petitesse infinie, transparents et vivement éclairés. On doit penser qu'une pareille loupe, bonne pour des microscopes, ne pourrait remplir l'office d'oculaire astronomique. Sa puissance écraserait les images objectives des plus fortes lunettes, images qu'on ne peut éclairer comme les objets microscopiques. D'ailleurs le champ de la vision se réduirait à peu près à un point.

Le mot *diamant* exerce sur l'imagination des femmes de tout âge le charme d'une sorte de talisman. Mes élèves, qui d'abord avaient paru un peu s'assoupir en m'écoutant, m'interrompirent toutes deux à la fois. — Comment, dit ma tante, on a fait des lentilles en diamant? — J'en voudrais bien voir une, ajouta Pauline; ce doit être magnifique.

— Il faut, hélas! répondis-je, que je vous ôte une illusion : les lentilles de diamant n'existent guère qu'en théorie. Cette pierre précieuse, qui n'est, après tout, que du charbon cristallisé, mais qui brille si vivement taillée à facettes, est, dit-on, pleine de stries et ne fournit que des loupes très-défectueuses et d'un aspect fort ordinaire; pour mon compte, je n'ai jamais pu en rencontrer une.

Vous avez dû comprendre, repris-je, que les oculaires astronomiques ne redressent pas l'image, ce qui n'a aucun inconvénient quand on observe des astres. — Mais quel mal y aurait-il, interrompit ma tante, si l'on voyait la lune ou Jupiter dans sa véritable position? — Aucun, assurément; j'avouerai même qu'il y aurait plutôt de l'avantage; mais songez-y, il faudrait les grossir moins, puisque le redressage de l'image entraîne un second croisement des rayons, et un surcroît de verres, deux causes, je le répète, d'affaiblissement de la lumière. Pour y obvier, on pourrait agrandir l'objectif, sans en allonger le foyer, mais on augmenterait les frais déjà si énormes de l'instrument.

Verres hélioscopiques. — Je mentionnerai, au sujet des oculaires célestes et comme appendices, les procédés imaginés pour observer, sans danger pour la vue, l'image du soleil. Galilée (qui est mort aveugle) et d'autres astronomes de son temps l'examinaient à son lever et à son coucher. Ces heures étaient mal choisies, puisqu'à l'horizon extrême les astres sont déformés et obscurcis par l'influence de l'épaisse et grossière couche d'air qui rase le sol. (Voy. page 87.)

On eut l'idée, vers le même temps, de placer devant l'objectif des verres plus ou moins épais, colorés dans leur masse, ou noircis à la flamme de la résine. Mais on conçoit que la pureté et la courbe de la lentille objective devaient être fort altérées, à moins que ces verres ne fussent eux-mêmes sans défauts, parfaitement polis et à faces bien parallèles, qualités assez difficiles à réunir.

Enfin, on s'avisa d'un procédé plus ingénieux et plus simple, le seul en usage aujourd'hui : on plaça des verres enfumés ou colorés devant l'oculaire. Dans cette position, leurs défauts devenaient insensibles, et la lunette ne pouvait les amplifier, puisqu'ils étaient en dehors de son action.

Je me suis quelquefois borné à exposer la lentille-oculaire, qui regarde l'objectif, à la flamme d'une bougie. Elle se couvrait, sans se briser, d'une épaisse couche de noir de fumée. Les verres bleus, rouges ou verts communiquent au soleil une couleur qui nuit plus ou moins à l'observation de de ses taches et de ses *rides ;* mais on en fabrique aujourd'hui qui font paraître le soleil blanc sans que la vue en soit blessée. Herschel plaçait devant ses oculaires une sorte de boîte en cristal à faces parallèles, qu'il remplissait d'une encre très-noire et filtrée, évitant sans doute de donner à ce disque creux trop d'épaisseur, sinon l'œil trop éloigné de l'oculaire eût perdu beaucoup de champ.

Oculaires terrestres ou redresseurs. — Toute lunette astronomique, au moyen d'une modification dans les oculaires, peut s'appliquer à l'observation des objets terrestres, mais il n'y a pas réciprocité : il est rare qu'un instrument construit dans ce dernier but soit bon pour l'astronomie, car l'objectif et les autres accessoires ne sont pas en général établis avec précision.

Dans la lunette d'approche ou *longue-vue,* on tient à voir les objets dans leur position normale : on a donc recours à des oculaires qui redressent l'image. Au reste, cette condition n'est pas positivement indispensable. Je me suis habitué à observer les objets terrestres avec des oculaires astronomiques, et je n'en distingue pas moins bien tous les détails à l'envers, à la manière des imprimeurs qui lisent de droite à gauche ou en sens contraire, sans y faire de différence. Grâce à ce procédé, une lunette de 7 centimètres d'ouverture produit presque l'effet d'une de 10 munie d'un oculaire redresseur.

A la rigueur, il existe un moyen de lire une enseigne renversée par la lunette astronomique. On ajuste cette lunette sous une table assez élevée sur pieds; on s'étend à plat ventre sur la table, et, abaissant la tête vers le sol, on approche l'œil de l'oculaire mis au point. La position de l'œil se trouvant retournée, on voit à gauche les détails de l'image qui sont à droite dans l'instrument, *et vice versâ;* les lettres sont donc à l'endroit; mais les objets ne se redressent pas dans le sens vertical.

Votre procédé, dit ma tante, trouverait, j'en suis sûre, peu de partisans, car la position doit être gênante. — Je l'avoue, elle n'est pas tenable, mais un ami de la science peut en essayer une fois en passant, rien que pour s'assurer d'un fait curieux, par rapport à la disposition de l'œil.

Pour redresser au moyen de lentilles convexes les images aériennes, il faut malheureusement, je le répète, opérer un second croisement des

rayons, ce qui est, comme vous savez, l'occasion
d'une certaine perte de lumière, et quelquefois,
ce qui est plus grave, d'irrégularité, de désordre
dans le replacement des rayons. Quelques-uns, en
effet, peuvent empiéter sur leurs voisins, si les
verres ont une courbure imparfaite ou sont mal
centrés; il en résulte de la confusion.

Les oculaires redresseurs seraient connus depuis
plus de deux siècles, s'il est vrai que l'inventeur
soit le jésuite Rheita, qui s'occupait d'optique vers
1618. Duval le Roy, traducteur de l'*Optique* de
Smith (édition de Brest), avance dans sa préface
que le Père Scheiner, contemporain de Rheita, indiqua le premier la construction d'un oculaire redresseur à *deux* verres, et qu'un peu plus tard
Rheita en imagina un autre beaucoup meilleur,
composé de trois lentilles. D'autres ont attribué
ce dernier oculaire terrestre à l'opticien Campani.

Ces sortes d'oculaires, quel que soit le nombre de
lentilles qui les constitue, sont de véritables microscopes composés, mais bien moins amplifiants,
en raison de leur rôle, que les microscopes propre-
ment dits, destinés, comme leur nom l'indique, à
observer de très-petits objets fort rapprochés.

Oculaires redresseurs à deux lentilles. — A la
rigueur, on peut amplifier et redresser les images
objectives au moyen de deux lentilles, non plus

disposées comme celles de l'oculaire double astronomique, mais très-espacées, au lieu d'avoir pour loi d'écartement la somme de leurs foyers. On doit considérer cet oculaire (celui de Scheiner) comme une sorte de petite lunette astronomique placée au-devant de l'image objective.

Pour qu'un tel oculaire ait du champ, il faut que l'œil soit assez éloigné de l'*œilleton* où trou qui précède le tube. Qu'arrive-t-il dans ce système? La lentille tournée vers l'objectif, faisant elle-même fonction d'objectif simple, réfracte une seconde fois, en la retournant, l'image aérienne qui, ainsi reproduite de près, conserve sa dimension acquise. La lentille-loupe, voisine de l'œil, grossit cette seconde image.

Les meilleurs procédés, selon la théorie, sont les moins compliqués; toutefois celui que je viens de décrire, le plus simple qu'on puisse imaginer, n'en est pas moins mauvais, puisqu'il offre des traces d'iris et d'aberration de sphéricité. Peut-être deviendrait-il meilleur si ses lentilles étaient bien achromatisées; mais à quoi bon? il existe un moyen facile de remédier à cette imperfection : c'est d'ajouter une troisième lentille.

Oculaires redresseurs à trois et à quatre lentilles. —Dans la plupart des traités de physique (hors ceux de MM. Pouillet et Péclet), on ne décrit que l'oculaire à trois verres; néanmoins on en exécute rarement aujourd'hui dans ce système. Il suffit, du reste, au but qu'on se propose. J'ai vu une excellente lunette de Cauchoix, dont l'oculaire se composait de trois lentilles de cristal de roche.

Il paraît que la lentille intermédiaire, ajoutée à celle qui regarde l'objectif, forme une combinaison qui recroise les rayons de l'image, les rend parallèles et achromatise tout le système. L'image redressée se présente à portée de la loupe, voisine de l'œil, qui l'amplifie. Pour produire un bon effet, les trois verres doivent être, je crois, de même foyer et équidistants; mais le grossissement de l'oculaire provient surtout de la dernière lentille.

Tous nos opticiens emploient aujourd'hui quatre lentilles. Ce *jeu* d'oculaires procure, disent-ils, un achromatisme général plus parfait, et le champ le plus vaste possible. Ce quatrième verre absorbe bien encore un peu de lumière; mais comme on fait généralement usage de lentilles plans-convexes, la perte résultant de l'épaisseur de la matière est peu sensible : celle qui provient de la réflexion sur les surfaces est plus considérable.

Les quatre lentilles, bien qu'inégales en superficie, doivent être du même foyer, et, autant que possible, tirées du même morceau de crown-glass. Au reste, il paraît qu'il n'existe pas de règles bien fixes pour l'espacement des lentilles, et que chaque opticien arrive par tâtonnement à donner à leurs jeux toute la perfection convenable.

Le dessin de l'oculaire à quatre lentilles n'est pas précisément le même sur les planches de M. Pouillet et sur celles de M. Péclet. La distance respective des verres et la place des diaphragmes n'offrent pas identité. J'ignore au juste quelle est la meilleure disposition. Ce qu'il y a de certain, c'est que la seconde image aérienne, formée par l'action des trois premières lentilles, vient se présenter devant la dernière, celle où l'observateur applique l'œil.

J'ai vu des longues-vues marines, fabriquées en Hollande, dont les oculaires se composaient de cinq lentilles à peu près également espacées. J'ai ouï dire qu'on en faisait même à six. Je ne comprends pas, je l'avoue, l'avantage qu'on prétend tirer de cette multiplicité de lentilles ; plus on les prodigue, quel que soit le but qu'on se propose, plus on diminue la clarté de l'image, plus on court la chance d'en altérer la forme.

On peut obtenir des grossissements variés avec le même tube d'oculaire ; il suffit de le modifier de manière à pouvoir écarter une des paires de lentilles de l'autre paire. Plus on agrandit l'espace qui sépare les couples, plus le grossissement de l'image augmente, mais avec une perte proportionnelle de clarté et de champ. Cette double perte est la principale limite imposée à tout mode d'amplification. Les lunettes munies de ce genre d'oculaires se nomment *polyaldes*, c'est-à-dire qui ont plusieurs degrés d'accroissement.

Les longues-vues n'ont, en général, qu'un seul oculaire fixe, mais on ajoute un ou deux numéros de rechange aux fortes lunettes destinées aux observations terrestres. Plusieurs oculaires fixes sont, à mon avis, préférables à un seul composé de paires de lentilles mobiles.

Les lunettes des télégraphes, qu'on a réformées il y a deux ans, et vendues par centaines, avaient pour la plupart des oculaires trop amplifiants, parce que, destinées à observer une suite d'échelons noirs découpés sur le ciel, on pouvait, pour cet usage, outrepasser le degré normal d'amplification. Pour s'en servir plus utilement, je conseille à ceux qui en possèdent d'en diminuer l'effet ; il suffit de rapprocher un peu les deux jeux d'oculaire : on y gagne de la netteté.

Il existe encore un motif, outre ceux déjà mentionnés (page 86), pour n'appliquer aux longues-vues que des grossissements médiocres : c'est que la vive lumière du jour, qui éblouit l'observateur, persiste assez longtemps dans son œil et lui fait trouver les images d'autant plus obscures qu'elles sont plus amplifiées. Pour s'en convaincre, il suffit, avant de mettre l'œil à une longue-vue, de rester dix minutes dans l'obscurité. On trouvera les images beaucoup plus claires.

Pour distinguer pendant la nuit des objets terrestres, éclairés faiblement par la lueur des étoiles, ou une lumière artificielle, on doit employer des longues-vues munies d'objectifs à courts foyers, avec des oculaires formés de lentilles à large surface. Ces instruments grossissent peu, mais permettent de voir les objets à peu près aussi clairs qu'à l'œil nu, ce qui est dans les lunettes le *maximum* de la clarté. Aujourd'hui nos marins préfèrent, en général, aux lunettes de nuit des lorgnettes jumelles à douze verres de fort calibre (Voy. 14e *Causerie*). Ils trouvent la lumière des objets encore plus vive, parce qu'ils se servent des deux yeux.

M. Lerebours a établi de petites longues-vues, dites *à grand effet*, dont les oculaires sont achromatisés. Cette innovation n'est pas un progrès sous le rapport économique, puisqu'elle exige des objectifs de premier choix. D'ailleurs les oculaires terrestres ont assez d'achromatisme quand leurs quatre lentilles sont tirées d'une matière pure, bien centrées et d'une courbure exacte.

Les oculaires redresseurs étant, en général, composés de lentilles d'un foyer assez long, puisqu'il faut éviter l'excès de grossissement, et assez espacées entre elles, il en résulte que le tube qui les contient représente une portion notable de la

longueur totale de l'instrument. Les lunettes astronomiques, à égalité de foyer, sont plus courtes,
parce que leurs oculaires sont eux-mêmes au moins
deux fois plus courts, et aussi parce qu'on les dirige toujours vers des objets placés *à l'infini*
(page 90), c'est-à-dire dont l'image se forme le
plus près possible de l'objectif. Le plus souvent,
au contraire, on vise avec la longue-vue des objets
beaucoup plus proches que l'infini; leur image se
projette donc au delà du point du foyer réel.

J'indiquerai, dans ma prochaine leçon, les
moyens de mesurer les foyers des divers oculaires.

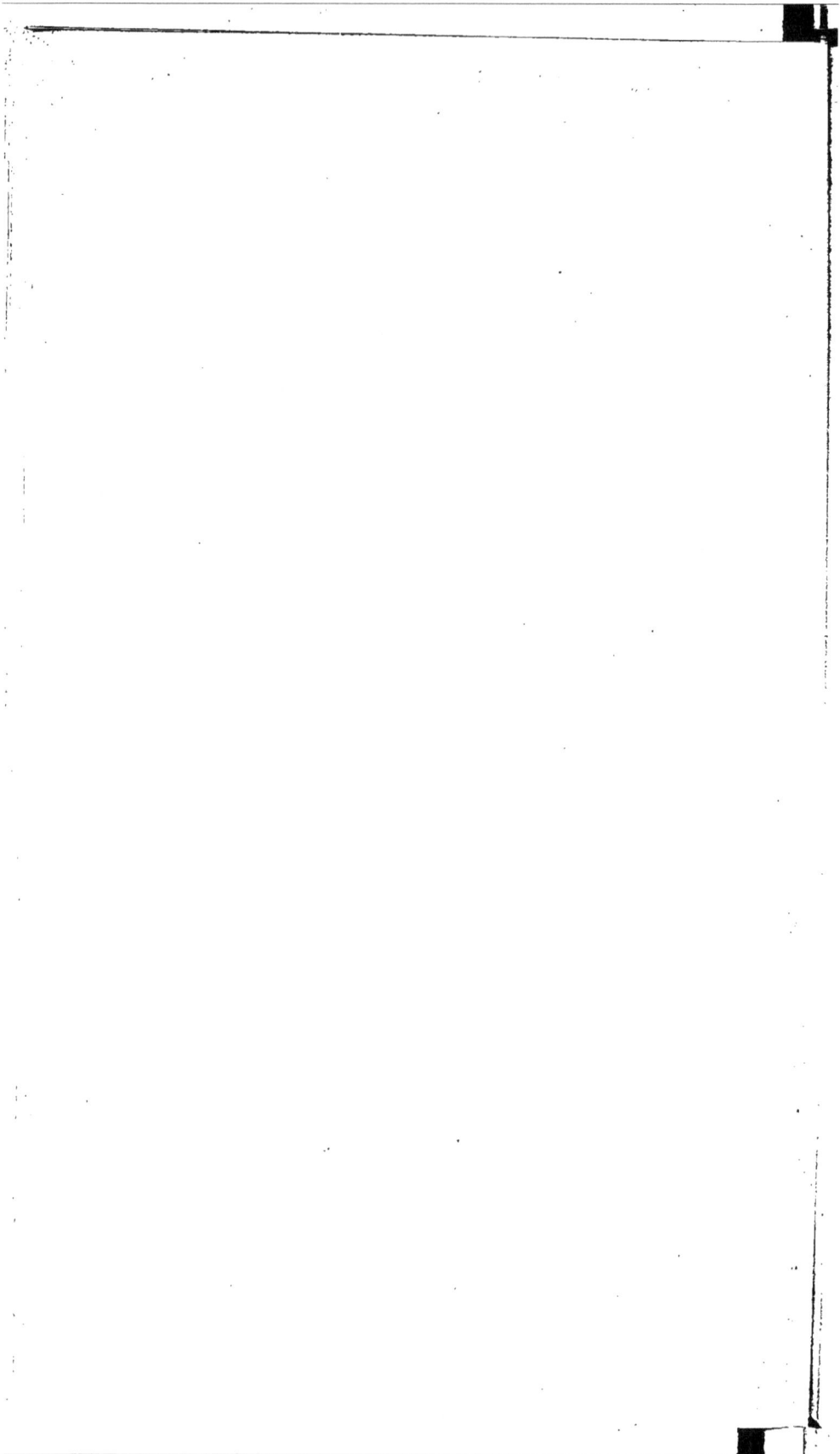

SIXIÈME CAUSERIE.

Procédés pour mesurer l'amplification des télescopes à réfraction. — Limites
de la puissance amplificative des télescopes. — Quel télescope suffirait pour
distinguer un éléphant sur la surface de la lune ?

———

Mesurage du grossissement télescopique. —
Vous nous avez parlé si souvent, dit ma tante, du
pouvoir amplificatif des télescopes, que je serais
curieuse de savoir comment on parvient à s'en
rendre compte avec précision. En définitive, quand
on dit : Telle lunette grossit vingt fois, veut-on parler du diamètre apparent des objets, ou de leur
surface ?— Du diamètre. Il existe plusieurs moyens
de se rendre compte de la force amplificative
réelle des télescopes de tout genre.

Le célèbre astronome-opticien Huygens a le
premier découvert ce principe, dont j'ai déjà tou-
ché un mot hier (page 97) : le grossissement
d'une lunette se trouve dans le rapport du foyer
de l'objectif au foyer de l'oculaire ; autrement,
comme dit M. Arago, « En voyant combien de fois

la distance focale de l'oculaire est contenue dans celle de l'objectif. »

Lacaille, dans son *Traité d'optique*, exprime ainsi la même idée : « La grandeur du *diamètre* d'un objet vu au télescope est à sa grandeur, à la vue simple, comme la longueur du foyer de l'objectif est à la longueur du foyer de l'oculaire. »

Par le foyer de l'objectif, on doit entendre évidemment le foyer principal ou réel, le point où se forme fixement l'image des objets placés à l'infini. Voici, pour le trouver avec précision, le moyen que je préfère : j'ajuste l'objectif à l'orifice d'un cylindre creux, de bois ou de carton, ayant soin d'indiquer, par une ligne au dehors, le point auquel correspond à l'intérieur le profil du flint. Dans le cylindre glissent deux ou trois tubes, qui rentrent l'un dans l'autre ; le dernier, le plus étroit, porte, au lieu d'un oculaire, un verre dépoli.

Si l'on vise un objet placé à l'infini, la pleine lune, par exemple, son image vient se projeter, sous forme d'un petit disque lumineux, sur le verre dépoli. On allonge ou l'on raccourcit les tirages, jusqu'à ce que l'image soit la plus nette possible. On a dès lors obtenu la longueur du foyer réel ; il ne reste plus qu'à mesurer, à l'extérieur, la distance précise de la surface du flint à celle du verre dépoli.

On peut appliquer à la mesure du foyer des oculaires un procédé analogue, sauf que le tube à tirage doit être très-court. Il s'agit, je pense, dans le rapport établi par Huygens, de connaître la longueur du foyer *réel* des oculaires, bien que les loupes employées comme oculaires ne forment que des images virtuelles.

La distance focale réelle d'une simple lentille est aisée à trouver avec précision, à moins qu'elle ne soit excessivement courte. Il suffit de la couvrir d'une feuille métallique percée de petits trous et de l'exposer au soleil. Chaque trou projettera un disque lumineux. L'endroit où tous ces disques se fondront en un seul, d'un éclat très-intense, indique le point du foyer réel.

Quand l'oculaire se compose de deux lentilles combinées, on se borne, je crois, à mesurer le foyer de celle près de laquelle on place l'œil, car c'est de celle-là que dépend le degré d'amplification.

Quant aux oculaires terrestres à trois ou quatre verres, je ne sais trop comment on en trouve le foyer réel. Suffit-il de mesurer celui de la lentille qui est près de l'œil, quand toutes celles qui en composent le jeu sont également espacées et du même degré de courbure? Obtient-on le foyer réel de l'ensemble, en présentant au soleil le tube oculaire, par l'extrémité qui regarde l'objectif? La science peut résoudre ces questions, mais par des calculs trop compliqués pour nous.

Si l'on maintient le tube des oculaires dans une position verticale, pour y examiner, comme avec un microscope, un objet très-mince, par exemple une aile de mouche fixée sur une glace, on trouve bientôt le point où l'image amplifiée de l'objet a le plus de netteté possible. On peut mesurer, d'une manière quelconque, l'intervalle compris entre le centre de la lentille et la surface de l'objet. Mais cette mesure n'est pas celle du foyer réel de l'ensemble de l'oculaire, qui agit ici virtuellement, car l'objet est un peu en deçà de ce foyer.

— Existe-t-il aussi, dit Pauline, un moyen de mesurer le foyer des oculaires concaves, employés pour les lorgnettes? — Certainement, mais j'ignore si la règle d'Huygens s'applique aux lorgnettes : c'est probable. En tout cas voici comment on opère : on couvre la lentille bi-concave ou plan-concave d'une feuille métallique, percée de deux petits trous, séparés, je suppose, de 5 millimètres.

La lentille étant exposée au soleil, on reçoit sur un fond blanc les disques lumineux que produisent les trous. Leur lumière, cette fois, n'est pas concentrée, mais au contraire divergente. Quand la distance qui sépare les deux disques dilatés est précisément de 10 millim., c'est-à-dire a le double de l'espacement réel des trous, on s'arrête, et, pour connaître la longueur du foyer (qui est toujours virtuel), il s'agit de mesurer, par un procédé quelconque, la distance comprise entre la surface du fond blanc et le *centre* de la concavité de la lentille.

Du principe découvert par Huygens, il résulte qu'une lunette d'un mètre de foyer réel, munie d'un oculaire de 2 centim. de longueur focale, grossira 50 fois le *diamètre* apparent d'une planète, soit en surface près de 1,900 fois [1]. Le disque de Jupiter, ainsi amplifié et comparé à celui de la pleine lune, vue à l'œil nu, semblerait à peu près de la même grosseur mais moins lumineux.

L'image de cette même planète peut être élargie *mille* fois, avec les puissantes lunettes des grands observatoires de l'Europe. Elle paraîtrait donc avoir environ vingt fois le diamètre de la pleine lune, soit plus de 300 fois sa surface apparente.

— Ce résultat est incroyable, dit ma tante. — Il est pourtant positif; mais une certaine illusion semble démentir le fait. Dirigez sur la lune une simple lorgnette : à travers ce faible instrument, elle ne vous paraîtra guère plus amplifiée qu'à la vue simple, mais plus rapprochée et plus distincte

---

[1] Une curieuse conséquence du même principe est celle-ci : une lunette de dimension quelconque, dont l'oculaire a identiquement le même foyer que l'objectif, ne grossit pas le diamètre des objets placés à l'infini; seulement on en a une vision très-distincte. Mais elle grossit les objets proches, puisqu'en ce cas le foyer de l'objectif s'allonge.

dans ses détails. « Quand nous voyons avec une
« grande précision, dit M. Arago, dans son *Astro-*
« *nomie populaire*, les plus petites parties d'un ob-
« jet, nous sommes portés à admettre que cet objet
« est très-près, et dès lors à lui supposer des di-
« mensions réelles plus petites que celles que nous
« lui attribuerions, si l'objet nous paraissait à la
« distance réelle... Voulez-vous faire disparaître
« cette illusion ? ouvrez l'œil qui n'était pas en face
« de la lunette... vous verrez deux images de la
« lune, l'une avec ses dimensions naturelles, l'au-
« tre avec ses dimensions amplifiées. »

Notre illustre astronome oublie une circonstance
qui ne peut échapper à un myope. Malgré les
verres concaves qui corrigent un peu ma vue, le
disque d'une planète est encore dilaté au fond de
mon œil, comme un objet observé avec une lunette
qui n'est pas au point. Pour moi donc, une portion
de la puissance d'un télescope est employée à dépouiller l'astre de son irradiation, de son épanouissement sur ma rétine. Avec une lorgnette
qui élargit positivement quatre fois le diamètre de
la lune, notre satellite me paraît à peine grossie
deux fois, quand je compare son image télescopique à son disque aperçu à la vue simple ; mais
pour une excellente vue, l'effet amplifiant de la
même lorgnette doit être bien plus sensible.

Tant que j'ai jugé, sans faire la part de ma myo-

pie, j'ai cru impossible qu'une lunette astrono
mique d'un mètre de foyer grossît effectivement
cinquante fois le diamètre apparent des planètes.
Mais en faisant des expériences directes, sur des
objets à portée de ma vue (à 80 ou 100 pas), j'ai
constaté : que l'image d'un petit disque blanc, de
1 cent. de largeur, aperçu de l'œil droit, à travers
une telle lunette, dépassait un plus grand disque
que j'apercevais de mon œil gauche, avec netteté, à
l'aide des besicles que je porte habituellement. Or,
le second disque contenait cinquante fois le diamètre du petit, et comme il n'était pas trop distant
pour ma vue, je pouvais le distinguer assez bien
pour juger du résultat de la comparaison. Il était
débordé par l'image du petit, parce que la mire n'é-
tant pas à l'infini, le foyer allongé de l'objectif contenait plus de cinquante fois le foyer de l'oculaire.

Cette manière de mesurer l'amplification télescopique, par la superposition d'un petit cercle sur
un plus grand, était le procédé de Galilée; mais
pour connaître le grossissement sur les astres, il
devait, par le calcul, ramener à l'*infini* ses opéra-
tions faites à une moindre distance.

Ramsden, célèbre opticien de Londres, au siècle
dernier, pour atteindre au même but, dirigeait sur
le ciel une lunette mise au point, puis, regardant
l'oculaire d'une *certaine* distance, observait un petit disque lumineux, qui est l'image réelle de l'ob-

jectif, donnée par l'oculaire. Il recevait cette
image sur un verre divisé, appliquait ces mêmes di-
visions au diamètre de l'objectif, et du rapport de ces
mesures concluait l'amplification de la lunette.

Pour arriver juste par cette méthode, il faut
bien connaître dans quelles proportions l'objectif
est diaphragmé et saisir, pour mesurer le diamètre
du disque, l'instant où son image, projetée sur le
verre dépoli, sera la plus petite et la plus lumineuse possible.

C'est sans doute ce même procédé que veut désigner M. Arago quand il écrit : « Le grossissement
« linéaire s'obtient en divisant le diamètre de l'ob-
« jectif par le diamètre du *foisceau émergent* (sor-
« tant) de l'oculaire, ce qui fournit un moyen
« très-simple d'obtenir le grossissement superfi-
« ciel... Le grossissement en surface s'obtient en
« divisant la superficie de l'objectif par la surface
« du *pinceau* suivant lequel émergent (sortent de
« l'oculaire) des rayons parallèles... ayant em-
« brassé la totalité de la surface de l'objectif. » Ce
faisceau émergent est le disque lumineux nommé
spécialement *le petit cercle de Ramsden.*

M. Arago a imaginé un moyen plus précis que
les précédents pour comparer le diamètre apparent des objets avec celui que donne à leur image
le pouvoir amplifiant des télescopes. Ce procédé
est fondé sur la propriété que possède un prisme

achromatique en cristal de roche, de fournir une double image des objets, en vertu de son pouvoir *biréfringent*. De la distance qui sépare les deux images, on déduit, par un certain calcul, la mesure de l'amplification opérée par la lunette.

Ces formidables mots *pouvoir biréfringent* vous effrayent et moi aussi. Pour bien comprendre l'effet de ce prisme, il faudrait entrer dans des explications trop savantes, trop compliquées pour nous, qui n'avons pas l'instrument sous les yeux. Le plus sage est donc de nous en tenir à la méthode directe et approximative de Galilée.

On peut encore substituer aux cercles inégaux une longue rangée de larges raies noires tracées verticalement, à distances égales, sur un mur éloigné. Si un seul intervalle de deux raies, vu dans la lunette, paraît couvrir vingt des intervalles vus à l'œil nu, on en conclut une amplification de vingt diamètres. La grille de fer ou de bois d'un jardin se prêterait fort bien à cette expérience. M. Pouillet indique un procédé analogue, mais fait intervenir deux miroirs qui compliquent l'opération.

N'oublions pas que l'amplification serait *moindre*, si on pouvait viser une mire placée *à l'infini*.

Limites de la puissance amplificative des télescopes. — Nous l'avons déjà fait observer : sans l'affaiblissement graduel de l'intensité lumineuse, à mesure qu'elle occupe sur le fond de l'œil une plus grande surface, on pourrait, selon la théorie, obtenir, avec un même objectif, des amplifications sans limites. Mais en réalité ces limites existent, parvint-on même à accroître progressivement, comme dans les microscopes, la lumière qui éclaire les objets lointains.

« Il ne faut pas croire, dit M. Person (*Physique*, « t. II), qu'on puisse toujours augmenter le gros- « sissement à mesure que la clarté augmente ; car « le faisceau de rayons qui entre dans l'oculaire, « pour peindre chaque point dans l'œil, est d'au- « tant plus étroit que l'on grossit davantage ; et « quand il est trop mince, les imperfections des « verres et des humeurs de l'œil l'arrêtent ou le « dévient trop facilement, de sorte que l'image « devient diffuse... Il est évident que pour le soleil « lui-même, la limite du grossissement n'est pas « donnée par le défaut de clarté, puisqu'on est « obligé de tempérer la lumière avec des verres « noircis. »

Abordons maintenant une question intéressante. Si l'on parvenait à étendre, pour ainsi dire à vo- lonté, le diamètre des objectifs, les planètes four- niraient-elles toujours assez de rayons lumineux pour que leur image, de plus en plus amplifiée, con- tinuât d'être nette et claire ? Leur lumière d'em- prunt se multiplierait-elle indéfiniment ? Vien-

drait-il un moment, où, quelque large que fût l'objectif l'émission de rayons s'arrêterait épuisée ?

Je n'ai lu nulle part qu'il dût y avoir des bornes de ce côté. La théorie est sur ce point très-explicite : plus un objectif est vaste, plus il admet de rayons. Mais nous trouverions une limite à la puissance télescopique dans les conséquences même de cette puissance ; dans l'extrême étroitesse du champ, qui résulte de la longueur focale d'un énorme objectif, et de la force amplificative de l'oculaire qu'on applique à ses images.

Supposons une lunette aussi longue que la colonne de la place Vendôme, munie d'un objectif de plus de 2 mètres d'ouverture, et montée sur un pied facile à manœuvrer. Toute planète, selon la théorie, fournira une image déjà très-amplifiée, et en même temps très-lumineuse, c'est-à-dire capable d'acquérir, par l'addition d'un oculaire, un nouveau grossissement prodigieux.

Or, pour produire cette dernière amplification, pour la pousser à son maximum, il faudrait employer une lentille d'un très-court foyer, autrement dit, d'une si forte courbure, qu'elle serait infiniment petite. Pour agrandir le champ, on combinerait en vain cette lentille microscopique avec une autre plus large ; quoi qu'on fasse, il n'arriverait au fond de l'œil qu'une portion insignifiante de l'image : on retomberait dans l'inconvénient des longues lunettes de Galilée. Ainsi, nous ne pourrions jouir de toute cette puissance, car il faudrait avoir recours à des oculaires plus faibles que ceux que la lumière de l'image comporterait.

Distinguerait-on un éléphant sur la lune ? — Ici la petite cousine , que ces questions intéressaient , m'adressa celle-ci :—Pensez-vous que, s'il existait, *par hasard,* dans la lune, des animaux de la grosseur des nôtres, on finirait par les reconnaître ? un éléphant, par exemple ?

— D'abord , je dois déclarer qu'aux yeux des savants notre satellite est décidément un pays désolé, sans air , sans eau , sans végétation , et , par conséquent, sans animaux. Mais supposons un instant qu'il se meuve, sur une de ses montagnes, un éléphant de belle taille, et raisonnons d'abord selon l'état actuel de la puissance télescopique.

Les plus forts grossissements obtenus jusqu'ici ne s'appliquent qu'aux étoiles dont la lumière est, pour ainsi dire, inépuisable. Mais les oculaires n'ont pas la même prise sur les planètes , dont la lumière réfléchie est bien moins vive , de sorte qu'on doit se borner , à leur égard, à des amplifications modérées. La surface de la lune est, approximativement , à 94,000 lieues de celle de la terre. Une bonne lunette astronomique, de trois pouces d'ouverture , en élargirait avec netteté le disque quatre-vingt-quatorze fois. La lune ne serait donc plus qu'à 1,000 lieues de nous, par cette raison simple : le diamètre apparent d'un objet, éloigné, par exemple de 100 pas, et mesuré sur un verre gradué placé devant l'œil, augmente du double si l'on s'en rapproche de 50 pas, du quadruple, si, de 25 pas, et ainsi de suite. C'est un fait que démontre une expérience facile à pratiquer.

Passons de suite à un télescope beaucoup plus puissant, de 12 à 14 pouces d'ouverture. Il pourra élargir mille fois, avec beaucoup de netteté, le disque apparent de la lune, soit près de huit cent mille fois sa surface. Alors nous n'en serons plus qu'à 94 lieues.

— Bon! nous approchons! s'écria avec joie la petite cousine. — C'est vrai, mais je doute que nous puissions arriver assez près. Je suppose, à tout hasard, que le monstrueux télescope à miroir de lord Ross grossisse nettement quatre mille fois le diamètre de notre satellite. Nous n'en serons plus qu'à 23 lieues et demie. A cette distance, on discernerait très-bien les pics du Mont-Blanc, peut-être même l'ensemble du jardin des Tuileries ; mais notre éléphant ne serait pas encore visible.

Maintenant revenons aux hypothèses. Un éléphant noir, se détachant sur un fond clair, se reconnaîtrait, je pense, à l'aide de la vue distincte (et la vue est toujours distincte avec un instrument mis au point), à une distance de 3 lieues, ou 12,000 mètres. Agrandissons par le calcul la lunette qui doit nous rapprocher à cette distance. Si elle grossit huit mille fois, nous serons à 12 lieues de la lune (pour exprimer un nombre rond) ; si, seize mille fois, à 6 lieues ; si enfin, trente-deux mille fois, à 3 lieues, la distance exigée.

Maintenant je serais embarrassé de dire au juste quelle surface d'objectif ou de miroir métallique il faudrait pour atteindre à cette amplification énorme. Peut-être aurions-nous besoin de la lunette fabuleuse dont je parlais tout à l'heure. Du moment donc que l'instrument est à faire, il faut décidément en prendre son parti : on ne pourrait découvrir aujourd'hui, vu l'insuffisance des moyens matériels, un éléphant lunaire, supposé qu'il pût en exister un.

En 1836, un audacieux mystificateur Américain publia, sous le nom d'Herschel fils, alors très-occupé loin de l'Europe, une brochure qui s'enleva à quelques centaines de mille d'exemplaires. On y décrivait les hommes de la lune avec leurs ailes de chauve-souris. On les avait vus se battre avec rage, ou s'enterrer avec pompe, etc. L'imposteur fit sa fortune. A tromper la crédule imagination du public étranger aux sciences, on s'enrichit plus qu'à publier des vérités utiles.

SEPTIÈME CAUSERIE.

Des pieds et de divers autres accessoires des télescopes. — Moyen
de reconnaître la perfection d'une lunette astronomique.

—

Accessoires des télescopes. — La description du
mécanisme de la lunette astronomique moderne
et de ses effets étant épuisée, il me restait à mentionner les principaux accessoires qui facilitent ou
qui complètent leur action merveilleuse. Ce fut
ma tante qui provoqua cet entretien.

— Vous nous avez parlé hier de télescopes
énormes; je mets à part ceux qui n'existent qu'en
hypothèse, mais celui de notre Observatoire a,
m'avez-vous dit, un objectif de 38 centimètres d'ouverture, c'est le calibre d'un petit calorifère. Son
foyer doit être assez long — un peu plus de 8 mètres, — c'est-à-dire plus de quatre fois la longueur
d'un lit. Eh bien! par quels moyens parvient-on
à le manœuvrer sans peine et avec précision?

— Je vous expliquerai un jour (10me *Causerie*)
comment on se servait de tubes télescopiques quatre

ou cinq fois plus longs. Ne parlons ici que de la grande lunette de l'Observatoire. Imaginer une machine qui permette de la remuer à sa fantaisie, c'est un jeu, à une époque où l'on a pu amener de la Haute-Égypte, et dresser sur un cube de granit, un monolithe pesant 150,000 kilos. Le tube du télescope de lord Ross, qui a 2 mètres d'ouverture et 17 de longueur, se manœuvre tout aussi bien que notre lunette ; c'est une affaire de treuils, de poulies ou de roues à engrenages.

Pour les plus fortes lunettes terrestres on a bientôt fabriqué un support mobile pour les tourner en tous sens ; mais quand il s'agit de celles destinées à l'astronomie, le travail est tout autre. La question n'est pas de diriger la grosse lunette de l'Observatoire vers tel ou tel point du ciel ; le plus difficile c'est de l'y maintenir, autrement dit d'annuler l'effet de la rotation de la terre.

Vous avez remarqué, l'autre soir, avec quelle rapidité l'image de la lune semblait fuir du champ de notre télescope, lequel pourtant reposait sur un pied immobile. Ce pied est un ingénieux assemblage de châssis ; c'est encore aujourd'hui le plus généralement usité. Quand on veut conserver au centre de l'instrument le même point de l'image, il faut sans cesse mouvoir le gros tube dans le sens horizontal, au moyen d'une crémaillère qui tourne sur un demi-cercle , et, dans le sens vertical, à l'aide d'une manivelle qui roule ou déroule une chaîne selon qu'il s'agit de relever ou de baisser le corps de l'instrument. Il suffit de voir un semblable pied pour en comprendre le mécanisme.

La grande lunette de l'Observatoire sera bientôt, on l'espère, montée *parallactiquement* (ce mot fit tressaillir ma tante), sur un pied autrement compliqué que le nôtre, puisque au moyen d'une machine d'horlogerie, elle suivra d'elle-même le mouvement apparent que communique aux astres la rotation de la terre, de sorte que les observations auront lieu comme si la terre était immobile.

— C'est presque aussi merveilleux, s'écria Pauline, que le miracle de Josué arrêtant le soleil ; mais une chose me fait de la peine : si toute cette savante machine est établie en plein air ou sous une voûte tout ouverte, les astronomes doivent attraper des rhumes bien opiniâtres.

— Tranquillise-toi, petite cousine ; on a, de nos jours, singulièrement amélioré la position de ces messieurs. Ils ne peuvent pourtant, bien entendu, regarder dans l'instrument à travers des vitres, par des motifs que je vous ai déjà expliqués ; mais la portion du tube qui porte l'objectif est seule exposée à l'air, au moyen d'une ouverture étroite et longue. La chambre, en forme de dôme, tourne en tous sens sur un pivot, comme un moulin à

vent. Il arrive donc par la fente longitudinale fort
peu d'air, puisqu'il n'y a que cette ouverture,
qu'on peut d'ailleurs rétrécir à volonté vers le haut
ou vers le bas. Seulement, je ne pense pas que
l'on puisse, l'hiver, chauffer cette salle tournante,
vu les inconvénients qui en résulteraient (*Voyez*
page 93).

Les lunettes astronomiques se montent sur des
pieds plus ou moins commodes, plus ou moins
compliqués dans leur ensemble : c'est une affaire
d'argent. Les plus petites ont des supports de cuivre à mouvements prompts ou lents, à volonté.
Ces pieds sont destinés à être placés simplement
sur une table.

On établit aujourd'hui, pour les plus grosses,
des pieds qui les élèvent ou les abaissent au moyen
d'un grand arc de fer dentelé, qui remplace le jeu
des chaînes. C'est chez MM. Lerebours et Secretan qu'on trouve ce modèle, et d'autres dont la
construction offre tel ou tel avantage [1].

L'essentiel, pour les observations sérieuses, c'est
que les pieds reposent sur un sol immobile, loin
des rues pavées, où circulent mille voitures. Ils
doivent porter des roulettes de fonte, pour que le
transport en soit facile ; et, par un mécanisme très-

[1] On voit dans une des salles du Conservatoire des modèles de pieds de télescopes, anciens et modernes, plus ou
moins ingénieux.

simple, ces roulettes se relèvent et n'appuient plus
sur le plancher, quand la machine est fixée en
place. Le pied de notre lunette a ce perfectionnement. Je vous ai déjà énuméré (page 92) les conditions indispensables pour l'observation des astres : le repos de l'air et la solidité du sol qui
soutient la lunette sont au premier rang.

— Mais, dit ma tante, quand on regarde un
astre positivement situé au zénith, la situation
devient très-gênante, car il faut se placer sous
l'instrument ; on doit contracter un torticolis into-
lérable.

— Dans ce cas, les observateurs qui aiment
leurs aises ont recours à un prisme de cristal
qu'on ajuste à l'oculaire. Il fait faire à l'image,
au moyen d'une réflexion totale, un retour d'é-
querre, et l'amène à l'œil. Je vous expliquerai
un autre jour (14ᵐᵉ *Causerie*), cet effet réflecteur du
prisme, qui permet aussi de faire des observations
microscopiques dans une position horizontale.

Chercheurs et micromètres. — Quand on adapte
à un gros télescope un oculaire qui amplifie beaucoup, nous savons que le champ diminue en proportion de sa puissance. Il devient alors fort difficile de faire apparaître un point lumineux au
centre du tube. Il faut quelquefois perdre bien du
temps pour amener une planète dans le télescope,

et l'on a de la peine à l'y maintenir, vu le peu de champ de l'instrument et le mouvement de la terre, accéléré par l'effet même de l'amplification.

Pour atténuer cet inconvénient, on place d'ordinaire au-dessus ou sur le côté des grands télescopes de tout genre, une petite lunette astronomique qui grossit très-peu, et ne redresse pas les images, mais a beaucoup de champ : c'est le *chercheur* dont je vous ai déjà parlé. Il est appliqué au gros tube de telle sorte que son axe est identique à celui de la grande lunette.

Entre les deux lentilles de l'oculaire du chercheur sont tendus deux fils très-fins, qui se croisent et indiquent le centre de l'image. Tout objet qui apparaît à la rencontre de ces deux fils (nommés *réticule*), se trouve en même temps précisément dans l'axe du grand objectif; on reporte l'œil à l'oculaire de la grande lunette, et l'on y trouve le point désiré.

Dans l'intérieur des puissants télescopes, on place des réticules plus compliqués, qu'on nomme des micromètres. Ils servent à mesurer les diamètres des planètes, l'intervalle de deux étoiles, ou le temps qu'elles mettent à traverser le champ, etc. C'est un accessoire indispensable pour les observations précises, mais je ne vous donnerai aucun détail sur leur construction ni sur leur usage, car ils n'intéressent que les astronomes sérieux.

Tubes des télescopes, diaphragmes, etc. — On a fabriqué des tubes de télescopes en bois, en carton, en cuivre, en tôle, etc. Le cuivre a prévalu, comme la matière la plus légère et la plus facile à façonner avec précision. Les parois intérieures de tous les tubes de télescopes, grands ou petits, sont revêtues d'un noir mat, comme le ton du noir de fumée. Cet enduit ne doit être sujet ni à prendre du poli ni à s'écailler. On évite ainsi tout reflet de lumière étrangère, tout miroitage susceptible de troubler l'éclat de l'image objective.

Plusieurs diaphragmes ou disques, percés d'ouvertures plus ou moins larges, sont placés à l'intérieur et noircis également. Ils doublent l'obscurité par l'ombre qu'ils projettent, et contribuent à faire ressortir l'image ; mais ils doivent être percés et placés de manière à laisser passer librement tous les rayons admis par l'objectif.

L'obscurité la plus complète est si avantageuse, surtout près de l'orifice où est vissé l'objectif, que quelques opticiens mettent en tête du gros tube une sorte d'abat-jour noirci, et ils couvrent même d'une bronzure foncée toutes les vis et toutes les sertissures qui enchâssent les verres ; cette précaution ne peut qu'ajouter à l'effet général.

On est dans l'usage de maintenir très-polis les tubes de cuivre à l'extérieur : je les aimerais mieux bronzés, car le reflet brillant du métal, même la nuit, jette dans l'œil qui s'approche de l'oculaire une lumière vague qui l'éblouit, et qui persiste longtemps. On couvrait autrefois les télescopes d'une peau noire : c'était une habitude bonne à conserver. Quand une lunette de cuivre n'est pas munie d'un chercheur, son poli ne fait qu'ajouter à la difficulté de trouver une planète ; on devrait, en ce cas, souder à l'extrémité du tube un bouton de mire, comme aux fusils de chasse.

Il m'est arrivé plus d'une fois d'adapter au tube extérieur de l'oculaire un large disque de carton noirci, destiné à écarter toute lumière ambiante, afin de mieux observer les astres, ou même simplement des objets terrestres. Quand on veut bien voir au loin, on place, en quelque sorte par instinct, la main au-dessus de l'œil : avec la précaution indiquée, on conserve les deux mains libres, et l'on distingue encore mieux.

Notons aussi que les lunettes terrestres donnent de bien meilleurs résultats si, pendant les observations, elles sont maintenues immobiles par un moyen quelconque ; il leur faut un autre appui que les mains, qui tremblent toujours plus ou moins. En pleine campagne, une branche d'arbre fourchue, ou l'épaule d'un ami, remplacera tant bien que mal un pied.

Il est presque impossible de discerner avec une lunette, et surtout de conserver dans son champ,

des objets lointains, vus par la lucarne d'une voi-
ture qui se meut avec rapidité. L'image de ces objets est si tremblotante, que les détails se troublent
et se superposent dans l'œil. Plus l'instrument
grossit, plus l'inconvénient est sensible ; dans ce
cas, les meilleurs sont les longues-vues à court
foyer et à large oculaire, comme celles de la marine, ou les lorgnettes dont se servent les officiers
de cavalerie.

— Allons, dit ma tante, je vois que tout a été
prévu pour rendre l'étude de l'astronomie et les
observations terrestres les plus commodes possible, et j'ai tant de confiance en nos opticiens, que
je ne désespère pas de voir un jour dans la lune
l'éléphant que réclame Pauline.

Épreuve de l'excellence d'une lunette. — Je terminerai, repris-je, cette longue dissertation sur
les télescopes réfracteurs, en vous indiquant les
moyens de reconnaître ceux qui remplissent le
mieux toutes les conditions que la perfection exige.
A la vue simple, on ne peut guère juger de leur
valeur ; on ne voit que du verre et des surfaces de
cuivre poli.

J'ai déjà donné (page 72) un moyen de s'assurer si l'objectif est exempt de stries. On peut vérifier, en le mirant, si le cristal en est limpide.
Certains verres ont une surface *graisseuse :* nul

12.

agent chimique ne saurait y remédier; d'autres semblent contenir dans leur masse une sorte de poussière. L'intensité des rayons lumineux doit nécessairement s'affaiblir en traversant de semblables objectifs.

Il est très-difficile de deviner à vue d'œil si le crown touche le flint avec précision sur tous les points de sa surface, et si la courbure des deux disques a toute la perfection désirable. C'est par un essai direct de l'instrument complet qu'on peut reconnaître ces qualités.

Un bon objectif doit agir à peu près par toute son ouverture, sinon, l'étendue de son diamètre n'est qu'un embarras. Tel objectif de 4 pouces peut produire moins d'effet qu'un de 3 pouces, s'il est trop *diaphragmé*, c'est-à-dire indirectement rétréci par la largeur exagérée de ces sortes d'anneaux plats ou disques percés, qu'on place dans l'intérieur du gros tube, près de l'objectif, au point du foyer réel ou ailleurs, pour faire ressortir l'image et exclure tout reflet de lumière qui lui serait nuisible.

Quand l'ouverture des diaphragmes est évidemment trop étroite, eu égard à la place qu'ils occupent dans la ligne du trajet des rayons, on doit présumer qu'une portion notable de la lumière des bords est à dessein interceptée, disposition qui diminue, non le grossissement de l'objectif qui dépend de la longueur du foyer, ni le champ de la vision, mais bien la clarté de l'image. On doit en conclure que l'objectif est imparfaitement achromatisé.

Des tubes d'oculaire trop étroits en proportion de leur longueur focale, comparée à celle de l'objectif, peuvent passer pour de véritables diaphragmes, qui rétrécissent la superficie de l'objectif. On doit attribuer le même effet aux lentilles oculaires dont la surface est réduite à l'excès par des sertissures qui empiètent trop sur leurs bords.

Dans un télescope dont la puissance est proportionnée à son ouverture, on ne pose de diaphragmes, en certains endroits, que pour faire ressortir plus vivement l'image, et non pour l'obscurcir. Le cercle de cuivre qui enserre un bon objectif ne doit cacher qu'une très-faible portion de son contour. Le diaphragme établi à l'endroit du foyer réel doit être, à très-peu près, aussi large que le pinceau lumineux qui forme l'image. Ceux qu'on place devant les foyers des lentilles oculaires exigent les mêmes conditions; une disposition contraire indique que l'objectif n'agit que partiellement.

On ne peut donc bien apprécier par l'extérieur l'excellence d'une lunette; c'est pourquoi, dans une vente publique, où l'on n'apercevrait que sa monture, son prix atteindrait à peine au quart de sa valeur réelle, à moins que les enchérisseurs ne fussent bien renseignés.

Pour juger d'un tel instrument dans son ensemble, c'est-à-dire par ses effets, il faut pouvoir l'essayer dans des circonstances favorables. Estimé bon pour des observations sur terre, il pourrait être fort médiocre appliqué aux astres.

Il existe, pour se rendre compte au juste de sa véritable puissance, certains détails célestes qui servent d'épreuves, de *test-objects*, comme disent les Anglais, en parlant des essais microscopiques. Ainsi, avec une bonne lunette de 4 pouces, on doit distinguer nettement le contour du croissant de Vénus, les bandes fines de Jupiter, la ligne noire et ténue qui divise en deux l'anneau extérieur de Saturne ; les étoiles doivent y figurer comme de très-petits disques, sans échappement de lumière sur les côtés.

Mais le meilleur *test-object* c'est, aux yeux de M. Arago, l'observation d'une étoile double, c'est-à-dire de deux étoiles extrêmement rapprochées. La séparation de quelques étoiles doubles exige une puissance amplificative bien déterminée, et une grande perfection de l'objectif. S'il est défectueux, soit par sa courbe, soit par l'impureté du verre, les images des deux étoiles contiguës se confondront, se superposeront obstinément, et l'on n'en pourra jamais voir qu'une seule, informe et mal terminée, preuve que les rayons émanés de ces points lumineux n'ont pu conserver respectivement un ordre parfait, après leur croisement au foyer.

En résumé, un télescope réfracteur, d'une grande puissance, parfait, autant qu'il est donné à l'intelligence humaine d'atteindre à la perfection, réunissant dans tous ses accessoires les meilleures conditions, pureté et homogénéité du verre, courbe mathématique, ajustement précis de toutes les lentilles qui le composent ; un tel télescope, dis-je, doit être admiré comme un chef-d'œuvre de l'industrie et du génie de l'homme, à l'égal d'un navire bien construit ou d'une excellente montre marine. Il est l'orgueil d'une capitale et d'une grande nation civilisée.

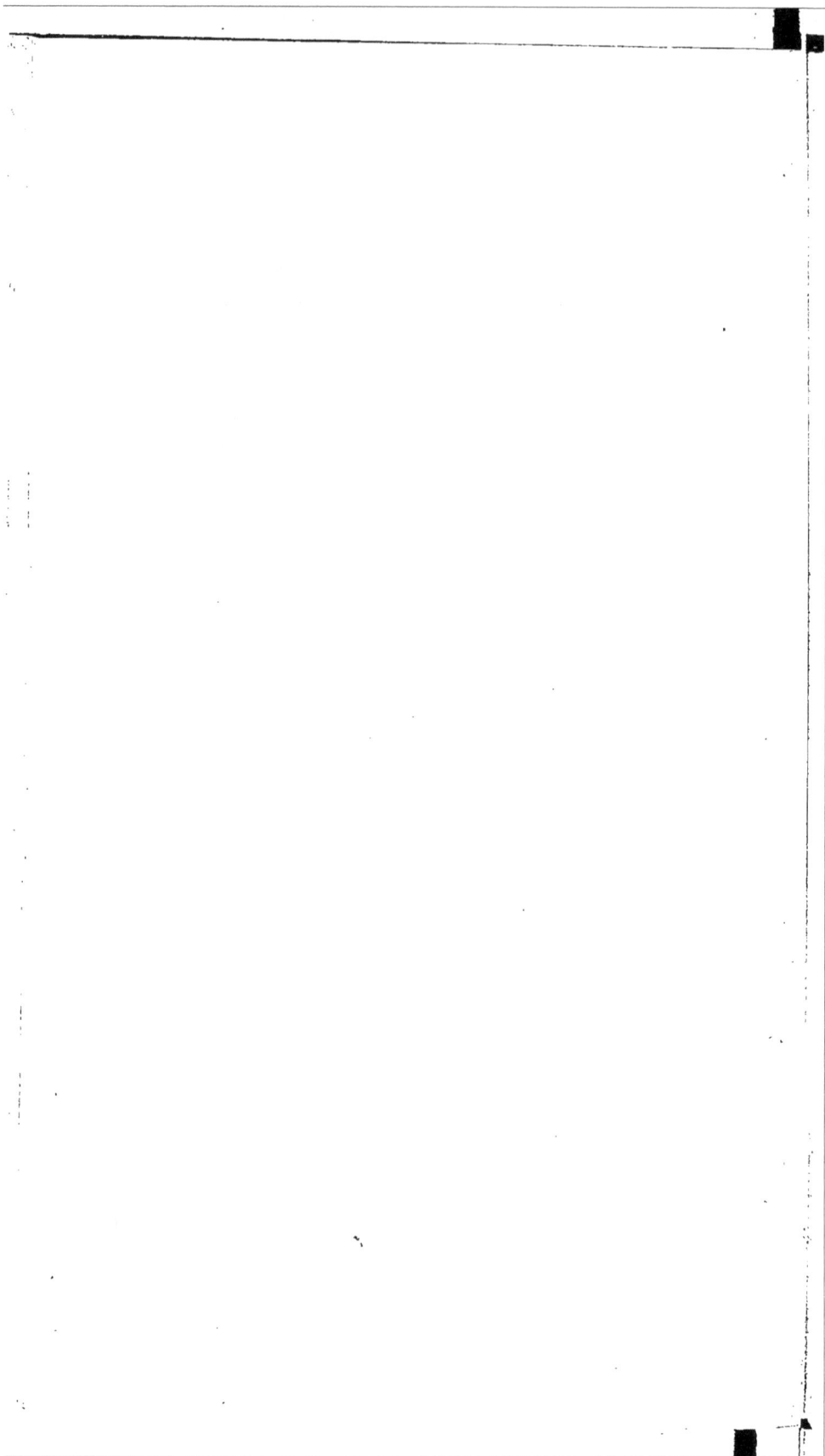

HUITIÈME CAUSERIE.

Lentilles antiques.—Première idée du télescope à réfraction ; Bacon, Fracastor, Porta. — Lunettes dites hollandaises; Jean Lippershey, Jacques Métius, Zacharie Jans ou Jansen. — Première lunette vue à Paris.

—

Verres d'optique chez les anciens.—Les peuples de l'antiquité, notamment les Romains, ont connu l'art de fabriquer le cristal siliceux, et la vertu amplificative d'une petite fiole sphérique remplie d'eau, ou d'une boule de verre massif. Bien plus, il est aujourd'hui constaté qu'ils façonnaient de véritables loupes. M. Arago en donne pour preuve la citation de trois objets antiques, d'une telle petitesse, qu'on n'aurait pu les exécuter à l'œil nu. Il mentionne ensuite une sphérule de verre (destinée à la parure et probablement aussi au grossissement des objets), que conserve le musée de Portici, et une véritable lentille de cristal de roche (trouvée à Ninive) que possède David Brewster.

En 1835, j'ai vu au musée Bourbon, à Naples, la salle des verreries antiques : je n'y ai pas remarqué de lentilles. Quant au musée de Portici,

qui n'était pas précisément public, je n'ai point eu
occasion de le visiter.

Vers le milieu de cette présente année (1854),
plusieurs journaux ont parlé de la découverte faite
à Pompeia, près de la *via Stabbia,* d'une *loupe* de
forme lenticulaire, qu'on suppose avoir servi à un
ciseleur de camées. On l'a déposée au musée Bourbon. L'*Athœneum français* du 26 août dernier en
parle ainsi : « Ce verre grossissant a une face plate
« et l'autre convexe, mais il est tellement altéré
« par le temps, qu'il a perdu toute transparence. »
La fabrication des loupes n'a probablement jamais
été perdue, car Alhazen, auteur qui écrivait vers
l'an 1100, en mentionne une.

Les anciens connaissaient pareillement l'effet des
verres concaves pour éclaircir la vue (celle des
myopes). Pline a cité, suivant M. Arago, des éme-
raudes concaves, celle notamment dont Néron se
servait pour mieux voir les combats de gladia-
teurs. Les Romains avaient donc des microscopes
simples ou loupes, et aussi des *lorgnons*; mais il
ne paraît pas qu'ils aient eu jamais l'idée de façonner des disques de cristal plus ou moins convexes ou concaves, et de les ajuster par paires,
pour en former ce que nous nommons des besicles.
Cet instrument fut appelé en latin moderne *ocu-
laria,* en italien *occhiali* (verres pour les yeux), et
chez nous *lunettes,* puis *besicles* (mot qui signifie

double cercle). Il était certainement connu et usité un peu avant l'an 1300; mais cette question est en dehors de notre sujet.

Les Romains possédaient ainsi les éléments du télescope à réfraction et de la lorgnette de spectacle; mais on ne lit nulle part qu'ils aient imaginé de construire avec leurs lentilles des instruments capables de grossir les objets lointains. Ils n'apprécièrent jamais dans les loupes que leur vertu amplificative, due à la formation de l'image que nous appelons virtuelle. Ils leur donnaient sans doute des courbures assez prononcées, puisqu'ils n'en exigeaient que la fonction de microscopes simples, et ne voyaient, je pense, dans leurs images renversées qu'un jeu de lumière inexplicable et sans utilité.

Cependant il n'est pas sûr qu'ils n'aient jamais connu, ne fût-ce que d'une manière fort imparfaite, le mécanisme de la lunette astronomique. Il est constaté, d'après quelques phrases de Sénèque, qu'ils se servaient pour observer les astres, de longs tubes. M. Arago admet que ces tubes étaient vides; mais, d'autre part, d'anciens auteurs ont laissé sur les astres certains détails que les modernes n'ont pu vérifier qu'avec des télescopes. M. Arago suppose que ces notions ont été signalées « par voie conjecturale ».

A mon avis, il n'est pas précisément certain,

13

malgré le silence de l'histoire, qu'on ait ignoré dans l'antiquité tout moyen de grossir l'image des astres, à moins d'attribuer à la vue naturelle des anciens astronomes une puissance qui n'est plus le privilége de notre siècle. L'emploi d'un simple tube aide déjà à mieux discerner les objets lointains, en ce qu'il écarte toute lumière latérale. Pourquoi quelque savant de Rome, d'Athènes ou d'Égypte n'aurait-il pas conçu l'idée de placer à l'extrémité d'un de ces tuyaux une lentille peu convexe, à long foyer, et d'examiner ainsi l'image renversée et déjà assez amplifiée des objets lointains? et, puisque nous sommes en train de faire des hypothèses, qui nous empêche de supposer encore l'emploi d'une loupe plus petite, servant d'oculaire?

Première idée du télescope à réfraction. — Plusieurs savants des deux derniers siècles (notamment Guillaume Molineux), ont attribué l'invention du télescope réfracteur au docte moine anglais Roger Bacon, mort en 1292, à qui l'on en a attribué bien d'autres. Il est question, dans son *Opus majus* (son *Grand œuvre*), mais sous forme d'hypothèse, d'un instrument qui, combiné d'une certaine manière, au moyen de verres ou de miroirs, pourrait grossir et faire paraître proches les objets éloignés. Smith refuse à son compatriote Bacon le titre d'inventeur, parce qu'il s'est borné à signaler un effet possible, sans décrire un procédé pratique.

Accorder cet honneur à Bacon, ce serait, en effet, comme si l'on concédait aux anciens l'invention de la machine à vapeur, parce qu'ils ont connu la puissance de la *fumée* aqueuse comprimée dans un vase clos. Cette gloire revient de droit à celui qui, le premier, a trouvé le moyen de régler, d'utiliser cette puissance. Mais il est vrai de dire que la première idée relative à la possibilité d'obtenir un télescope appartient au moine anglais.

Le plus ancien ouvrage où se trouve l'indication assez nette d'une lunette d'approche est celui intitulé *Homocentrica*, par Fracastor, Venise, 1538. On y lit ce qui suit (je cite la traduction de M. Arago): « Si l'on regarde à travers deux verres ocu-
« laires placés l'un sur l'autre, on voit toutes choses
« plus grandes et plus proches » ; et ailleurs : « On
« fait certains verres oculaires d'une telle épaisseur
« (densité), que si on regarde, à travers ces verres,
« la lune ou un autre astre, on les juge tellement
« proches que leur distance ne paraît pas excéder
« celle des clochers. »

Fracastor semble donner à entendre qu'il aurait fait l'expérience d'un instrument sur les astres. Pourquoi n'a-t-il pas communiqué ce résultat au public? Est-ce par crainte d'être réputé sorcier (ce qui aurait bien pu arriver en 1538), ou simplement par indolence? Pour recueillir la gloire d'une

découverte, il ne suffit pas d'en indiquer vague-
ment la théorie, il faut faire connaître les moyens
propres à la réaliser, à lui donner une forme matérielle. Or, on n'a aucune preuve que Fracastor
ait *exécuté* une lunette.

Le 11 novembre 1572, on vit soudain briller au
ciel, dans la constellation dite Cassiopée, une nouvelle étoile, qui éclipsait tous les astres. Or, les
astronomes du temps, notamment Ticho-Brahé,
ne disent pas l'avoir observée autrement qu'à l'œil
nu. A coup sûr, si l'instrument de Fracastor eût
été connu, on s'en fût servi pour suivre la retraite
dans l'espace de cette merveilleuse étoile, apparue
l'année du massacre de la Saint-Barthélemy et
effacée de la voûte céleste un peu avant la mort
de Charles IX. Quoi qu'il en soit, on ne peut re-
fuser à Fracastor l'honneur de citer son nom.

Premiers télescopes construits. — Smith avance
que Jean-Baptiste Porta, Napolitain, parle dans sa
Magie naturelle et dans sa *Dioptrique* (ouvrages
latins, imprimés en 1590 et 1594), de la combinaison des lentilles convexes et concaves, et de certains instruments « qu'il *avoit* et qui lui faisoient
voir les objets éloignés comme s'ils étoient fort
proches. » Ce passage prouverait qu'il existait vers
1594 une lunette d'approche. Elle était probablement très-imparfaite ; mais enfin, l'invention avait

un corps palpable. Dans le texte que cite et traduit M. Arago, Porta indiquerait seulement la théorie, mais, à en croire Smith (*trad. d'Avignon*, t. I, p. 75), qui parle d'après les dissertations d'*Huyghens*, Porta aurait écrit qu'il *avoit* l'instrument.

Lippershey et Jacques Metius. — Suivant M. Arago, ce sont les archives de La Haye qui fournissent les plus sûrs documents concernant le véritable inventeur des premiers télescopes. Jean Lippershey (que Huygens nomme Lippersheim), natif de Wesel, établi lunettier à Middelbourg en Zéelande, aurait réclamé, le 2 octobre 1606, des États-Généraux de Hollande, un brevet de trente ans pour la construction d'un instrument *nouveau* de son invention, destiné à faire voir de loin.

Deux ans après, le 4 octobre 1608 (les Hollandais ne sont guère pressés), une Commission fit essayer l'instrument qui, selon Huygens, avait un pied et demi de long. Le 6, elle déclara l'instrument utile au pays, mais exigea qu'il fût construit de telle sorte qu'on pût y voir des deux yeux. Lippershey aurait satisfait de suite à cette condition, et le 9 on examina cette lunette double, *jumelle*, comme on dirait aujourd'hui. Le 15, la Commission se déclara satisfaite; on donna à l'opticien 900 florins pour trois de ses instruments, mais on lui refusa le brevet, « vu qu'il était notoire que différentes personnes avaient eu connaissance de l'invention. »

Entre autres prétendants, on voit surgir Jacques Metius, fils d'un bourgmestre d'Alcmaer, ville de Nort-Hollande. Metius adressa aux États, le 17 octobre 1608 (remarquez l'époque), une demande de brevet pour une lunette aussi bonne que celle de Lippershey ; il exigeait qu'on défendît la vente de ces instruments à quiconque n'en posséderait pas ou n'en fabriquerait pas encore.

Je suis étonné que M. Arago ne fasse pas ici la remarque que cette réclamation, formulée deux ans après celle de Lippershey, n'était pas admissible. Metius, pendant ce laps de temps, n'avait-il pu trouver moyen de prendre connaissance de l'instrument et de le copier ? Pourquoi, dès le 2 octobre 1606, Lippershey n'a-t-il pas été proclamé l'inventeur ? A coup sûr un voile mystérieux couvre encore l'origine de cette importante découverte, dont l'idée première remonte au moins à l'an 1538.

D'après un petit volume in-4°, intitulé : HIERONYMI SIRTVRI TELESCOPIVM, etc., publié à Francfort en 1618, peut-être sous la direction de Galilée, ce serait par un simple effet du hasard que *Lippersein* aurait fait la découverte. Un *inconnu* lui aurait commandé plusieurs verres convexes et concaves. Quand il vint les chercher, il plaça, en présence du lunettier, un verre concave devant un

autre convexe, à une certaine distance, parut satisfait, paya et disparut. Lippershey répéta l'expérience, en reconnut le résultat prodigieux, et composa un instrument, qu'il offrit au prince Moritz
(Maurice) de Nassau. Suivant une autre version
plus populaire, ce fut l'un des enfants du lunettier
qui, en jouant, remarqua l'effet des deux verres,
dirigés vers le coq d'un clocher de Middelbourg.

L'inconnu, si cette tradition est la véritable,
serait-il Jacques Metius ? si le fait était prouvé, il
n'y aurait plus lieu de protester contre sa réclamation, mais on se demanderait toujours pourquoi
il l'avait retardée de deux ans.

Zacharie Jans. — On s'étonnera, sans aucun
doute, de n'avoir point vu paraître ici un autre lunettier de Middelbourg, Zacharie Jans ou Jansen,
celui à qui le vulgaire attribue, depuis longtemps,
l'honneur de l'invention. Duval le Roy, traducteur
de l'*Optique* de Smith (édit. de Brest, 1767),
s'exprime ainsi dans sa préface : « A en juger par
« divers faits détaillés dans une lettre que cite
« M. Borel, il paraît que Zacharie Jans est le véri-
« table inventeur de la lunette, et non Jean *Lap-
« prey* (c'est ainsi que l'auteur nomme Lippers-
« hey). » Il admet que ce dernier en devina la
composition (d'après les questions que lui fit un
inconnu, qui cherchait l'inventeur), et la dévoila

le premier, mais qu'on ne tarda pas « à reconnaître la méprise. » A coup sûr Jans n'est pas l'inconnu, puisqu'il était lunettier comme Lippershey, et habitait la même ville.

C'est au même Zacharie Jans qu'on a aussi attribué l'invention du microscope composé, dont on fait, d'autre part, honneur à Corneille Drebel, opticien anglais. Quelques auteurs ont cru que le prénom de Zacharie appartenait à Lippershey, et que c'est là le motif de la confusion.

Tous ces récits contradictoires sont loin de nous éclairer, et M. Arago remarque, avec raison, que les anciens ouvrages paraissent avoir souvent confondu l'histoire du télescope avec celle du microscope, deux instruments qui, en définitive, servent également à grossir les objets.

Le numéro d'octobre 1854 du *Musée des Familles* contient un article signé *P. Grolier* sur l'invention des lunettes. L'auteur y met en scène Zacharie *Jansen*. C'est, dans son récit, le fils de ce lunettier, et non celui de Lippershey qui, par hasard, combine deux verres de manière à produire le rapprochement des objets éloignés ; et il avance que la première lunette construite à Middelbourg *renversait* l'image des objets.

J'ai lu également dans une *Vie de Galilée*, traduite de l'anglais par Peyrot (in-18, Mansut, 1835), que la lunette de Jansen avait été exposée comme

un curieux *colifichet philosophique*, et faisait voir
l'image *renversée* d'une girouette ; que le marquis
de Spinola l'acheta et l'offrit à l'archiduc Albert
d'Autriche, ou à Maurice de Nassau. Voilà donc
une nouvelle version puisée je ne sais à quelle
source, et que je n'oserais garantir.

On voit que la question du véritable inventeur
du télescope à réfraction, à oculaire soit convexe,
soit concave, n'est pas encore bien claire. Ce qu'il
y a de certain, c'est que les premiers instruments
se nommaient lunettes *hollandaises*.

Première lunette vue à Paris. — On lit dans le
Journal du règne d'Henri IV, par Pierre de l'Estoile, à l'année 1609 :

« Le jeudi 30 d'avril, ayant passé sur le pont
« Marchand, je me suis arrêté chez un lunetier
« qui montroit à plusieurs personnes des lunettes
« d'une nouvelle invention et usage. Ces lunettes
« sont composées d'un tuyau long d'environ un
« pied : à chaque bout il y a un verre, mais dif-
« férens l'un de l'autre ; elles servent pour voir
« distinctement les objets éloignez, qu'on ne voit
« que très-confusément : on approche cette lunette
« d'un œil, et on ferme l'autre ; et regardant l'ob-
« jet qu'on veut connoître, il paroît s'approcher
« et on le voit distinctement, en sorte qu'on re-
« connoît une personne de demi-lieuë. On m'a

« dit qu'on en devoit l'invention à un lunetier de
« Midelbourg en Zelande, et que l'année derniere
« il en avoit fait présent de deux au prince Mau-
« rice, avec lesquelles on voyoit clairement les
« objets éloignez, de trois ou quatre lieuës. Ce
« prince les envoya au Conseil des Provinces-
« Unies, qui en récompense donna à l'inventeur
« trois cents écus, à condition qu'il n'apprendroit
« à personne la manière d'en faire de sembla-
« bles. »

Il est à remarquer que ce récit ne se trouve pas
dans l'édition de 1732, où manquent les années
1608 et 1609, mais dans celle plus complète de
1736. Je l'ai copié sur l'édition donnée par M. Pe-
titot. Cet article, retrouvé postérieurement à 1732,
peut-il passer pour authentique? je l'admets.
Notons en tout cas qu'en avril 1609 le pont Marchand n'était pas encore tout à fait achevé : il ne
le fut qu'au mois de décembre.

Je terminerai par une digression que vous de-
vrez pardonner à un amateur zélé du vieux Paris.
C'est le *Magasin Pittoresque* qui m'a révélé ce passage du *Journal de l'Estoile*. Dans une note qui
accompagne la citation, on avance que le pont en
question avait remplacé le pont au Change. Il y a
ici méprise : c'est le vieux Pont-aux-Meuniers, détruit en 1596, qu'il remplaçait. Il traversait la
Seine côte à côte avec le Pont-au-Change, dont i

était si proche qu'il semblait y être incorporé.
Cette contiguïté paraît peu vraisemblable, mais
elle avait sa raison. Ils étaient tous deux couverts
d'un double rang de maisons, qui rétrécissait tant
le passage, que le pont Marchand, ou *Marchant*,
comme écrit Du Breul, n'était pas inutile. Il devait son nom à celui de son architecte. On l'ap-
pelait aussi le Pont-aux-Oiseaux, parce que chaque
boutique, y compris celle du lunettier qui fit connaître aux Parisiens la première longue-vue, portait pour enseigne un oiseau en peinture.

Le pont Marchand eut une courte existence,
car en octobre 1621, il fut incendié avec son voisin, construit comme lui de bois. Pendant dix-huit
ans, il y eut, à cet endroit, un pont de bois pro-
visoire, et de longues perches servirent à signaler
aux navigateurs les débris des anciennes piles.
Enfin les deux ponts furent remplacés par un seul,
construit de pierre, et toujours couvert de maisons, mais fort large : c'est celui qui subsiste encore aujourd'hui, moins ses maisons.

NEUVIÈME CAUSERIE.

—

Lunettes de Galilée. — Les premières lunettes d'approche, quel que fût leur système, étaient donc désignées sous le nom de *lunettes hollandaises*, quand, au mois de mai 1609, Galilée en entendit parler à Venise ou à Padoue. Quelques auteurs avancent que, d'après son propre récit, l'illustre astronome aurait simplement appris l'existence, sans autres détails, de l'instrument hollandais, qu'il en aurait deviné le mécanisme, et l'aurait *réinventé* de son côté. Il me paraît à peu près impossible qu'on lui en ait parlé, sans ajouter qu'il était formé de deux lentilles de telle ou telle forme ; de sorte qu'il suffisait, pour le reproduire, d'acheter les deux verres indiqués chez le premier lunettier venu.

Il n'est plus permis aujourd'hui d'attribuer à Galilée l'invention du télescope, mais il lui reste

14

encore, sinon l'honneur de l'avoir deviné et réinventé, celui du moins de l'avoir immédiatement appliqué aux observations célestes. Ajoutons que Galilée a de plus le mérite de l'avoir perfectionné à ce point, que tous les savants de l'époque, pour en posséder un bon, croyaient devoir s'adresser directement à lui.

Il n'est pas constaté, je le répète, que la lunette hollandaise fît voir les objets renversés. Ceux qui ont signalé cet effet entendaient peut-être parler de l'instrument employé sans oculaire. Ce qu'il y a de sûr, c'est que tous les ouvrages sur l'optique, contemporains de Galilée, tel est celui de Sirturus, cité plus haut, et celui de Marco Antonio de Dominis, évêque de Spolatro, célèbre par sa théorie sur l'arc-en-ciel[1], tous ces ouvrages, dis-je, s'accordent à décrire le télescope comme composé d'une large lentille à foyer assez long et d'un oculaire concave, système qui fait voir les objets dans leur situation normale.

Ce fut à Venise ou à Padoue, en 1609 (en 1610 selon d'autres) que Galilée établit son *premier* télescope. Il l'essaya à Venise sur la haute tour du

---

[1] Cet ouvrage a pour titre : *De radiis... lucis in vitris*, etc. Venetiis, 1611. J'ai lu quelque part que le manuscrit remontait à l'an 1575 : c'est une assertion douteuse. Le livre de Sirturus et celui de De Dominis se trouvent reliés ensemble à la Bibliothèque impériale (V. n° 1241).

clocher isolé de Saint-Marc, puis en fit présent au
Doge. Ce n'est donc pas celui-ci qu'on voit au cabinet de physique de Florence, comme l'assurent
les *Guides en Italie*, mais un autre dont nous par-
lerons tout à l'heure. Cette première lunette, dont
j'ignore la dimension, se composait, dit-on (peut-
être a-t-on confondu avec celle de Florence ?), d'un
objectif plan - convexe, et d'un oculaire plan-
concave.

On n'indique pas au juste quelle était la puissance des télescopes que Galilée appliqua à ses premières observations astronomiques. Comme il débuta, selon l'opinion généralement reçue, par la
découverte des quatre satellites de Jupiter, il devait être pourvu d'un instrument qui amplifiât
d'environ vingt diamètres. Ses lunettes, selon
M. Arago (*Astronomie populaire*), grossirent successivement quatre, sept et trente fois les dimensions linéaires des astres. Le même, dans sa *Vie
d'Herschel*, porte cette puissance à trente-deux
fois. Avec ces moyens d'amplification, Galilée ne
put jamais reconnaître la forme réelle de l'anneau
de Saturne, que signala le premier Huygens, à
l'aide d'oculaires convexes. Aujourd'hui, avec une
lunette (système de Galilée) grossissant de trente-
deux diamètres, mais munie d'un bon objectif
achromatique, on voit Saturne encore fort petit :
néanmoins l'anneau se détache nettement.

Dans la *Vie de Galilée*, citée plus haut (page 152), ouvrage qui fait partie de la *Bibliothèque des Connaissances utiles*, on cite, à la page 121, une lettre sans date écrite de Padoue par Galilée à son ami Kepler. On y remarque ce passage : « Vous me « dites que vous avez quelques télescopes, mais « qu'ils ne sont pas assez bons pour grossir d'une « manière distincte les objets éloignés, et qu'il « vous tarde de voir le mien qui porte le grossis- « sement jusqu'à *mille*. Il n'est plus à moi, car le « grand-duc de Toscane me l'a demandé, et il se « propose de le placer *dans son Musée*... Je n'en « ai pas fait d'autres d'un égal mérite, car le tra- « vail mécanique est très-considérable. »

Cette lettre, supposée authentique, que faut-il entendre par un grossissement de *mille* fois? évidemment c'est mille fois en surface et non en diamètre. Nos plus fortes lunettes surpassent à peine cette amplification linéaire. Galilée veut dire que son télescope grossit le disque des planètes d'environ trente-cinq diamètres.

L'instrument dont parle ici Galilée est évidemment celui conservé aujourd'hui au cabinet de physique de Florence, et l'on ne peut le considérer comme sa première lunette, puisqu'il avait fait hommage de cette lunette au Doge. Quand je visitai les musées de Florence, en 1830 et 1835, j'ai dû y voir le télescope de Galilée, mais j'y attachai peu d'importance, n'étant alors préoccupé que des objets d'art antiques. On assure, *à Florence*, que c'est celui-là même dont se servit Galilée pour découvrir les satellites de Jupiter. L'objectif, ai-je lu, en est cassé, mais tient toujours au tube. Je regrette de n'avoir pu trouver une description détaillée de cette relique scientifique.

Tous les traités d'optique modernes parlent en passant du télescope de Galilée qui, reproduit, de nos jours, dans de très-petites proportions, constitue ce qu'on nomme la lorgnette de spectacle ; mais aucun ne rend compte de ceux beaucoup plus grands que Galilée construisait pour l'astronomie. J'ai, dans le but d'éclairer cette question, établi moi-même avec des objectifs, simples ou achromatiques, plusieurs lunettes de ce système, d'un grossissement linéaire d'environ trente fois.

Voici, à mon avis, à peu près comment Galilée parvenait à obtenir une lunette donnant une amplification de trente-deux diamètres. Il façonnait, en l'usant à l'émeri, dans un *bassin* de métal, un disque de cristal de Venise, qui devenait une lentille de quelques centimètres de largeur, très-légèrement convexe sur les deux faces ou sur une seule. Employée comme objectif, elle devait projeter à une distance focale d'environ 2 mètres et demi l'image d'un astre, amplifiée de quatorze à quinze diamètres.

14.

A l'extrémité opposée du tube qui portait son objectif, s'adaptait un tube plus étroit, garni d'un verre concave ou plan-concave, d'une faible courbure. Cet oculaire, placé en deçà du point où se formait l'image, produisait par sa divergence une nouvelle amplification d'environ deux diamètres, en conservant un champ d'une étendue raisonnable. La longueur totale de l'instrument n'atteignait pas 2 mètres.

Voilà dans mon idée ce que devaient être les dimensions et l'effet des télescopes les plus puissants de Galilée. Peut-être pourtant en fabriquait-il d'un plus long foyer, car il se plaint, dans la lettre citée ci-dessus, de l'embarras que lui causait leur transport d'une ville à l'autre.

Si l'on suppose moins longues les lunettes de Galilée, qui amplifiaient trente-deux fois, autrement dit, si l'on accorde un foyer plus court à ses objectifs et plus de concavité à ses oculaires, on n'obtiendra plus qu'un mauvais instrument, vu l'imperfection des objectifs non achromatisés, quand on exagère leur courbure.

J'ai déjà parlé (page 64) de la théorie du télescope de Galilée ; je me bornerai à rappeler ici mes précédentes observations, en y ajoutant quelques détails. Les oculaires concaves de fabrique moderne étant en flint ont une vertu dispersive que ne possédaient pas ceux de Galilée, composés d'un

cristal qui ne contenait aucun sel de plomb et n'a-
gissait que par sa forme. Placées beaucoup en
avant du point de réunion des rayons réfractés,
qui portaient avec eux les éléments de l'image focale, ces lentilles concaves rencontraient les rayons
en train de converger et les forçaient de se diriger
en sens contraire, de diverger, de redevenir parallèles, au lieu de former un cône. Elles'saisissaient
pour ainsi dire (ce qui serait impossible à l'œil nu)
l'*embryon* de l'image avant la concentration des
rayons qui devaient la produire et la renverser.

L'amplification avait donc lieu par une action
précisément contraire à celle d'une loupe, et pourtant, le résultat était identique. Une loupe rend
les rayons parallèles après leur croisement ; l'oculaire concave, avant ce croisement. Plus la loupe
est convexe, plus il faut l'approcher de l'image ;
plus le verre de Galilée est concave, plus on doit,
au contraire, l'en éloigner. Ainsi, l'action de ces
deux sortes d'oculaires paraît tout à fait inverse,
et néanmoins l'effet est le même.

Pousser plus avant la théorie de ces effets, pour
en approfondir et en expliquer tout le mystère,
ce serait nous engager dans des dissertations qui
exigent des connaissances de géométrie et d'algèbre. Tenons-nous-en aux causes secondaires : c'est
bien assez pour nous, étrangers à la haute science.

Quelque parfait que soit un objectif, simple ou

achromatique, vous savez que la convexité de l'o-
culaire, appliquée à son image focale, a ses limites,
passé lesquelles cet image trop amplifiée devient
confuse et obscure avec un champ très-étroit ; il
en est de même du grossissement qu'engendre
l'oculaire concave : son excès de concavité rend
l'image très-ample, mais diffuse et sombre, et le
champ devient ridiculement étroit, par une raison
que je vais bientôt expliquer.

Voici, au résumé, les avantages du télescope de
Galilée : l'instrument est d'un tiers plus court environ que si l'oculaire était une loupe ; l'image des
objets est très-lumineuse et dans une position naturelle. Mais voici l'unique inconvénient qui est
sans remède, c'est l'étroitesse du champ de la vision, dès que le foyer de l'objectif dépasse 20 centimètres, et si l'on emploie des oculaires très-conca-
ves. Galilée devait avoir une peine infinie à amener
une planète dans l'aire si bornée de ses plus gros
télescopes, et surtout à l'y maintenir, à moins qu'il
n'eût possédé, ce qui n'est point probable, un
moyen aujourd'hui inconnu d'agrandir le champ.

Cherchons la cause de cette diminution du
champ. Avec ce système d'oculaires, les rayons
de l'image s'écartent, divergent, au lieu de converger en pointe. Or, notre prunelle (ou pupille)
n'admet qu'une quantité de lumière proportionnée à son ouverture, laquelle ne dépasse guère

4 millimètres. Voilà la limite infranchissable posée par la nature. La portion centrale de l'image, formée de tous les rayons admis par la surface de l'objectif, entre dans la prunelle, mais tout ce qui reste de sa superficie est perdu pour l'œil, faute de place pour le recueillir. Avec les oculaires convergents, la quantité admise est bien plus considérable.

—Si l'on employait, dit Pauline, un oculaire de même concavité, mais beaucoup plus large ?—Le champ n'en serait pas plus agrandi ; seulement, on perdrait plus difficilement de vue l'objet observé. C'est pour gagner cet avantage qu'on met de larges oculaires aux lorgnettes qu'emploient les officiers de cavalerie, car le mouvement de leur monture tend à déplacer sans cesse l'axe de leur prunelle.—Si alors on se servait d'un objectif de même foyer, mais d'un plus grand diamètre?—On ne serait pas plus avancé, seulement la portion perceptible de l'image serait plus lumineuse. Il faudrait, pour élargir le champ, un objectif plus convexe, mais alors l'amplification objective diminuerait, le foyer devenant plus court. D'ailleurs, cet accroissement de convexité dans un objectif simple (car il est toujours question ici des objectifs de Galilée), amènerait les iris et l'aberration de sphéricité.

Vu donc cette fâcheuse et irremédiable conséquence du système de Galilée, dès qu'on eut constaté l'effet bien plus favorable des oculaires con-

vexes, on renonça sans retour aux verres concaves,
les réservant seulement pour les cas où suffit un
grossissement de cinq à six diamètres ; alors on
peut jouir de tous ses avantages, vu qu'on emploie
des objectifs à courts foyers. Je reparlerai plus
tard (ch. xv) des lorgnettes simples ou doubles.

J'ajouterai que, pour jouir du peu de champ des
télescopes de Galilée, il faut approcher l'œil le
plus près possible de l'oculaire, condition qui n'est
pas aussi stricte avec les oculaires convexes. Bien
entendu aussi que chacun doit, selon la portée de
sa vue, tirer plus ou moins le tube qui porte la
lentille concave.

—Il me vient une réflexion, reprit la petite cousine : vos besicles étant des verres concaves
puisque vous êtes *myope* (un mot que vous ne
m'avez pas encore expliqué), si l'on présente à
votre œil un tube muni seulement d'un objectif,
ne pouvez-vous en faire une lunette de Galilée,
sans ajouter d'oculaire ? — Non pas. Les verres de
mes besicles n'ont pas assez de divergence pour
que l'effet amplifiant s'opère. Ils sont adaptés à
ma vue pour la rendre plus distincte, et font, pour
ainsi dire, partie de mon œil, dont ils corrigent la
myopie ; mais appliqués comme oculaires à l'image
d'un objectif, ils ne peuvent en rendre les rayons
parallèles, ils sont trop peu divergents. Ils le sont
assez pour éclaircir ma vue ; plus concaves, ils dé-

passeraient le but : loin de la rendre plus nette, ils l'éblouiraient et la fatigueraient beaucoup. De même, les besicles si légèrement convexes des *presbytes*, appropriées à leurs yeux, n'auraient pas une courbure suffisante pour remplacer l'oculaire d'une lunette astronomique. Quand on regarde dans un télescope, les verres des besicles ne comptent pas; il faut toujours qu'il porte un oculaire d'un système quelconque, en harmonie avec la puissance de son objectif.

Construction de l'œil.— Myopie et presbytisme. — Je vois, ma petite Pauline, que ces mots *myopes* et *presbytes* te tourmentent sans relâche; je vais donc t'en expliquer brièvement le sens. Notre œil est un admirable instrument qui, par l'intermédiaire d'un nerf aboutissant au cerveau, communique à notre âme la sensation de la lumière. Comment s'établit cette relation intime de la matière organique avec l'âme? c'est le secret de la Divinité. Mais voici le mécanisme de l'œil humain.

C'est un véritable objectif achromatique, qui se compose d'une lentille convexe, fluide et élastique nommée *cristallin*. Cette lentille, formée elle-même de trois couches de diverses densités, a sa face intérieure plus courbée que celle tournée vers les objets. Elle se trouve placée entre deux milieux transparents et d'une nature dispersive, ce qui prévient l'aberration de sphéricité et la décomposition des rayons lumineux.

Cet objectif, entre deux flint un peu différents, c'est le désespoir des opticiens qui tentent de l'imiter. Il est précédé d'un diaphragme contractile, tout aussi inimitable, nommé l'*iris*, sorte de membrane, diversement colorée, en forme de disque, percée au centre d'une ouverture (circulaire chez l'homme), qu'on nomme *pupille*, et plus vulgairement *prunelle*. Grâce à l'élasticité de l'iris, la prunelle s'élargit ou se resserre, suivant que l'œil éprouve le besoin d'admettre plus ou moins de lumière.

Or, ma lentille est ou trop convexe, trop éloignée du fond de mon œil; ou peut-être, la matière analogue au flint, qui l'achromatise, n'est pas assez dispersive. Voici ce qui en résulte : l'image produite par un objet lointain, dont les rayons ont traversé mon objectif, se concentre à une trop faible distance, pour se peindre nettement sur ma *rétine*, sorte de miroir formé au fond de l'œil par l'épanouissement d'un nerf dit *optique*, qui aboutit au cerveau, et lui transmet la perception de la lumière.

Je vois très-bien les objets proches, au moyen de mon cristallin, parce que leur image, par la raison que je vous ai donnée (page 51), se forme assez loin pour atteindre à la surface de ma rétine;

mais le foyer des rayons émanés de loin étant plus court, l'image a dépassé son point de netteté quand elle touche le fond de mon œil ; aussi me paraît-elle confuse, comme il arrive lorsque l'oculaire d'une lorgnette est trop tiré. Si ma lentille était assez souple pour s'aplatir un peu, le foyer s'allonge-rait. Il n'en est pas ainsi ; mais je puis opérer le même effet par un moyen factice : il suffit de pla-cer devant ma prunelle un verre légèrement con-cave. Par sa forme et sa divergence il corrige l'ex-cès de convexité de mon cristallin, et rétablit le foyer à la longueur convenable. Comme ma len-tille est excellente à l'égard des objets rapprochés, pour les mieux voir j'ôte mes besicles.

Le mot *myope*, assez mal imaginé à mon avis, signifie à la lettre *qui ferme l'œil*, parce que les vues basses, pour éviter l'éblouissement causé par les objets vus de très-près, ferment l'œil instincti-vement, afin de recevoir moins de rayons.

Un effet inverse a lieu pour les yeux dont la len-tille est trop plate, à foyer trop long : l'image des objets lointains se forme juste sur leur rétine, mais celle des objets proches, ayant un excès de longueur focale, tend à passer au delà de la rétine, qui joue le rôle d'un oculaire trop rapproché de l'objectif. Des verres un peu convexes augmentent la cour-bure du cristallin des presbytes. Le foyer est donc raccourci et l'image paraît distincte, si toutefois il n'y a pas altération des humeurs de l'œil. Pour discerner au loin, ils ôtent leurs besicles. Ces yeux se nomment *presbytes*, mot qui signifie *vieillard*, parce que ce défaut dans la vision est assez général chez les vieillards, dont l'âge a rendu la lentille flasque, trop peu convexe, à foyer trop long.

Enfin, il est des personnes, comme ma petite cousine, qui possèdent des objectifs d'une moyenne convexité et assez souples pour prendre, selon le besoin, et par la seule puissance de la volonté, toutes les courbures en rapport avec la distance des objets; ce sont les vues les plus parfaites, mais assez souvent elles dégénèrent avec l'âge.

— Il résulte, dit ma tante, de la construction de l'œil humain que sa lentille, son objectif achromatique, renverse les images des objets, et pourtant nous les voyons à l'endroit, comme le prouve assez le sens du toucher.

—C'est un fait incontestable, que confirment des expériences anatomiques. Les savants qui assurent que nous voyons les objets droits par habitude n'expliquent rien. D'ailleurs on a, je crois, des exemples d'aveugles-nés qui ont recouvré la vue, et qui, pourtant, ne voyaient pas les objets renversés. On pourrait dire que notre œil, étant un organe, voit directement les objets même, et non leur image. Un œil n'est pas précisément une lorgnette; à moins que la rétine, ce nerf épanoui, qui tapisse le fond de l'œil, ne puisse être considéré comme une sorte d'oculaire concave, agissant comme ceux de Galilée.

Au reste, nous touchons là à une question des plus délicates, qui regarde autant l'anatomiste que l'opticien. Pour moi, je crois que nos deux nerfs optiques, par leur direction même vers le cerveau, et par l'effet de leur entre-croisement, contribuent, je ne sais au juste comment, au redressement des images, s'il est vrai de dire que l'œil ne voit que des images.

— Je ne comprends pas, dit Pauline, que les images soient renversées dans l'œil. Si je me présente près de maman, j'aperçois dans son œil mon portrait fort petit, mais à l'endroit. — Cela tient à un autre effet : un œil agit, dans ce cas, comme un petit miroir convexe ; l'image réelle que forme sa lentille ne se verrait qu'à l'intérieur. On peut également se mirer sur la surface courbe d'un objectif, mais c'est derrière cette surface que se forment les images renversées.

Les savants affirment que l'œil humain n'est pas d'un achromatisme parfait : c'est possible, mais je trouve qu'il l'est bien assez pour mon usage, et en aucune circonstance je n'ai eu à me plaindre de ce défaut. D'où vient, ajouta Pauline, que tous les yeux n'ont pas la même couleur ? la couleur influe-t-elle sur la perfection de la vue ?

— Pas le moins du monde. La partie de l'œil colorée en bleu, en gris, etc., c'est l'iris, pellicule très-souple et demi-transparente, au milieu de laquelle est l'ouverture susceptible de s'élargir ou de se rétrécir, qu'on nomme, je le répète, pupille ou prunelle.

DIXIÈME CAUSERIE.

Des lunettes dites spécialement astronomiques, à oculaires convexes. —
Objectifs simples à très-longs foyers. — Lunettes dites sans tuyaux;
moyens imaginés pour les manœuvrer.

Lunettes à images renversées. — Si l'on ajoutait
foi à une tradition que j'ai dû citer (page 152), les
premières lunettes, dites hollandaises, établies à
Middelbourg par Lippershey ou par Jansen, auraient fait voir les objets renversés; mais les meilleurs traités d'optique admettent que les premiers
télescopes connus furent construits dans le système
de Galilée, avec des oculaires concaves, et que l'i-
dée de leur substituer des oculaires convexes pour
obtenir du champ appartient à l'astronome Kepler,
l'illustre ami et rival de Galilée. Si Kepler, en effet,
parle dans sa *Dioptrique*, imprimée en 1611, de
ces sortes d'oculaires, il est étonnant qu'on n'en
ait pas reconnu de suite l'immense avantage pour
les observations célestes. Cependant on ne trouve

15.

aucune preuve que ce système ait été adopté du temps où vivait Galilée.

Selon Smith (traduction de Pezenas, publiée à Avignon), ce fut le jésuite italien Rheita, qui, le premier, vers 1630, aurait remplacé l'oculaire concave de Galilée par une loupe. Duval le Roy, autre traducteur de Smith, avance dans sa préface, que Kepler développa la théorie de la lunette à oculaire convexe, mais « n'en sentit pas assez le mérite », et que la première application pratique du système est due au père Scheiner, le même qui indiqua le moyen de redresser les images.

Ce qu'il y a de certain, c'est que Huygens (ou Huyghens), célèbre astronome-opticien, vers le milieu du XVIIe siècle, exécuta tous ses télescopes à réfraction dans ce système, et perfectionna beaucoup les procédés de fabrication des objectifs. Ce fut aussi lui qui le premier dressa des tables, au sujet des meilleures proportions à donner à la courbure et à la distance focale des lentilles soit oculaires, soit objectives.

A l'imitation de Huygens, tous les astronomes de son temps abandonnèrent l'oculaire concave de Galilée et le remplacèrent par une loupe d'une convexité en harmonie avec la longueur du foyer de l'objectif. Ils obtinrent ainsi, sans une diminution notable de clarté, un champ beaucoup plus vaste. Seulement les objets étaient observés à l'envers, disposition qui n'a, je le répète, aucun inconvénient pour les astres.

Un nouveau perfectionnement fut bientôt après ajouté à l'oculaire convexe ou astronomique : ce fut l'addition d'une seconde loupe. Cette combinaison élargissait le champ, sans aucun sacrifice de netteté, et il en résultait un achromatisme complet qui manque aux lentilles employées seules. J'ai décrit (page 99) la théorie et l'effet de cet oculaire à double lentille, qui agit comme une seule, sans redresser l'image.

Ce fut, dit-on, Campani, célèbre fabricant d'objectifs à Rome, qui inventa, vers 1650, cette loupe composée. Ceux qui citent encore, à cette occasion, le père Rheita, confondent sans doute l'oculaire en question avec celui que ce jésuite imagina pour redresser les images (page 107). J'ignore si ce fut dès le principe ou un peu plus tard que l'oculaire astronomique double se composa de lentilles plans-convexes, tournant leur face plane, tantôt vers l'œil, tantôt vers l'objectif.

Je suis entré dans tous les détails relatifs à la lunette astronomique, telle que l'établissent de nos jours les meilleurs opticiens : nous pourrions nous en tenir là, mais il est curieux, sinon utile pour la science, de jeter sur son mode primitif de construction un regard rétrospectif, de savoir comment, avant la découverte de l'achromatisme et pendant plus d'un siècle, on parvenait à obtenir, avec des objectifs simples, des instruments d'une grande puissance, puisqu'on leur doit tant d'importantes découvertes.

Anciens objectifs simples à très-longs foyers. — Il y avait, dès le temps de Galilée, des règles établies pour donner le degré de courbure convenable aux lentilles simples servant d'objectifs. On avait étudié leur théorie avec une certaine profondeur ; on savait déjà les façonner avec assez d'intelligence pour en tirer des images à peine colorées.

Je n'ai pas l'intention de vous décrire tous les détails de leur fabrication. Je me bornerai à dire que du temps d'Huygens, comme encore de nos jours, on obtenait toutes les lentilles, grandes ou petites, en usant des disques de cristal choisi, sur des moules de métal dur, nommés *bassins*, travaillés au tour, en creux ou en bosse, avec le plus grand soin. C'est au moyen de diverses poudres, variées dans leur dureté et dans leur finesse, qu'on ébauchait, façonnait et polissait à la main, ces disques de verre, tirés, en général, des fonderies de Venise.

On conçoit toute l'influence de l'extrême régularité des bassins sur la perfection de la courbe des objectifs. Il se présente dans ce travail (aujourd'hui surtout qu'on les achromatise) tant d'obstacles imprévus, qu'à la rigueur, le plus habile opticien, quand il s'agit de grands objectifs, ne peut obtenir précisément deux fois de suite les mêmes résultats, tout en se servant du même moule. En vain il se dirige d'après la théorie; il en est réduit au tâtonnement, et le hasard entre toujours pour quelque chose dans sa réussite.

Une lentille large et très-convexe ne peut servir qu'à concentrer des rayons lumineux, qu'à amplifier les détails des objets proches, mais ne saurait, même achromatisée, constituer un bon objectif de lunette. Elle peut produire un effet satisfaisant pour une chambre noire, parce que, dans ce cas, on n'a pas besoin de grossir les images qu'elle forme ; mais il n'en est pas ainsi relativement aux images télescopiques qu'un oculaire doit amplifier. Les plus savants opticiens n'ont obtenu de grossissements remarquables, avec des objectifs à courts foyers, qu'avec des verres d'une perfection exceptionnelle et d'un prix très-élevé; encore ces instruments ne donnent-ils que des effets limités avec des images peu lumineuses.

A plus forte raison donc, avant l'achromatisme, il n'était pas permis d'employer comme objectifs des lentilles très-convexes; c'est, au contraire, en leur donnant une courbure presque imperceptible qu'on pouvait en tirer des images amplifiées, nettes et assez lumineuses pour supporter l'action d'une loupe. J'ai vu de ces lentilles si peu convexes que, posées sur un marbre, elles semblaient presque s'y appliquer vers les bords.

Au fond, ces sortes de disques, quelque plats qu'ils parussent, n'étaient toujours qu'un composé de petits prismes très-nombreux et disposés en cercle ; néanmoins les rayons lumineux s'y réfractaient si légèrement, convergeaient si peu, que les images étaient presque exemptes d'iris. Plus, en effet, la direction des rayons se rapproche du parallélisme, moins est sensible leur décomposition en plusieurs couleurs à l'endroit du foyer. D'autre part, les rayons qui ont traversé les bords d'une lentille d'une si faible courbure se réunissent bien encore un peu avant ceux du centre, mais l'aberration de sphéricité qui en résulte, et qui est si prononcée quand les lentilles sont très-convexes, peut être ici regardée comme nulle.

Ces objectifs, bien que simples, étaient donc, pour ainsi dire, achromatiques, mais il fallait grossir leurs images avec modération. La longueur de leurs foyers était énorme relativement à leur diamètre. Un objectif de 12 pieds de foyer n'avait pas 2 pouces d'ouverture. Cette ouverture suffisait, parce qu'on ne devait grossir que fort peu par l'oculaire. La grandeur de l'image étant, quelle que soit la superficie de la lentille objective, proportionnée à la longueur du foyer, pour obtenir cette image, à la fois nette et amplifiée, on la faisait tomber à

10, 20, 50, 100 pieds et plus de distance. Nous avons même déjà signalé un objectif (de 10 à 12 pouces d'ouverture) qui projetait à 300 pieds son image, dont l'amplification (y compris l'action d'une faible loupe oculaire) montait à six cents diamètres. Il avait été fabriqué par le mathématicien Auzout : c'est le plus étonnant qu'on puisse citer.

Ce n'était pas chose aisée de travailler les grands disques avec perfection. D'abord, il fallait trouver ou faire fondre exprès des morceaux de cristal assez épais et sans défauts graves. La courbure du disque devait être combinée suivant sa surface et la longueur focale projetée. Un objectif de 100 pieds de foyer représentait un segment détaché d'une sphère d'environ 110 pieds de diamètre. Plus la courbure de la lentille était insensible, ou, comme s'expriment les savants, moins elle embrassait de degrés, plus augmentait la difficulté de la façonner sur les bassins et de la polir avec précision.

Galilée passait, de son temps, pour très-habile dans ce travail, mais ses objectifs assurément ne dépassaient guère 2 ou 3 mètres de foyer. Cet art fit, après lui, de grands progrès, amenés par le désir d'obtenir d'immenses résultats en astronomie. Au XVIIᵉ siècle, les plus savants dans cette industrie furent après Galilée, Huygens, Campani, Auzout et Rives. Les meilleurs objectifs qu'employa, sous Louis XIV, Jean-Dominique Cassini, le premier directeur de notre Observatoire, sortaient presque tous des ateliers de Campani.

Quelques opticiens de Venise, Milan et Rome, ont encore, m'a-t-on dit, des échantillons de ces excellentes lentilles ; à ma connaissance, aucun opticien de Paris n'en possède. Je n'en ai pas remarqué au Conservatoire des Arts, mais j'ai ouï dire qu'à l'Observatoire on en conservait plusieurs. Ils auront, pour la plupart, été mis au rebut, brisés ou vendus à vil prix, à l'époque où se répandit l'usage des lunettes achromatiques. Quelques-uns ont peut-être été utilisés, comme glaces, pour couvrir des cadres circulaires, et je ne serais pas étonné d'en retrouver un employé à protéger une miniature du XVIIIe siècle.

Smith a publié dans le second livre de son *Optique* les tables de Huygens concernant la concordance des surfaces et des foyers des objectifs simples, avec l'action amplificative des oculaires astronomiques et terrestres. Il en résulte que les très-petites lunettes avaient en proportion beaucoup plus de puissance que les grosses. Il en est je crois encore de même de nos jours. Cela vient sans doute de ce qu'on trouve pour les petits objectifs des morceaux de cristal très-purs, et qu'ils sont plus faciles à travailler. Les petites lunettes d'autrefois supportaient des oculaires plus amplifiants que les grandes : c'est aujourd'hui le contraire.

Les tables d'Huygens nous apprennent qu'un objectif ayant de largeur environ 2 centimètres (je réduis les mesures au système moderne), et 33 de longueur focale, avec un oculaire astronomique de 2 centimètres de foyer, grossissait vingt fois le diamètre apparent des astres ; mais à mesure que les foyers s'allongeaient, quoique les objectifs s'élargissent, la puissance des instruments allait en décroissant, toute proportion gardée. Un objectif d'environ 8 centimètres d'ouverture et 8 mètres de foyer n'amplifiait que cent fois, avec un oculaire de 8 centimètres de longueur focale ; car il est à remarquer que cette longueur était à peu près égale au diamètre des objectifs.

A mesure qu'on avance en parcourant la table d'Huygens, le foyer des oculaires s'allonge à tel point, pour un grossissement donné, que la puissance amplificative de la lunette semble presque ne plus dépendre que de l'objectif seul. Aujourd'hui c'est le contraire. C'est de l'oculaire que vient en plus grande partie la force des télescopes, pourvu que l'objectif soit large et bien achromatisé. Cependant, comme je l'ai déjà fait observer (page 98), il y avait des exceptions aux règles établies par Huygens, même de son temps. On fabriquait quelquefois des objectifs assez parfaits pour supporter des oculaires d'une force amplificative double de celle marquée sur la table.

Quand jadis on voulait obtenir une lunette terrestre, à oculaire redresseur, l'amplification, vu
la lumière absorbée par le recroisement des rayons,
l'interposition des vapeurs que la terre exhale, la
multiplicité des lentilles, et peut-être aussi, par
la raison que les objectifs étaient de second choix,
l'amplification, dis-je, était réduite au moins de
moitié, par rapport à celle de la lunette astronomique, à égalité d'ouverture et de foyer; en un mot,
les oculaires avaient un foyer une fois plus long.
Une lunette terrestre de 33 centimètres, munie d'un
oculaire redresseur, n'amplifiait plus vingt, mais
seulement neuf fois.

Du reste, comme aussi de nos jours, dans la construction des longues-vues, on ne dépassait guère un
grossissement linéaire d'environ trente fois, car un
instrument plus puissant eût rarement pu atteindre
son but, appliqué aux observations terrestres. Les
plus fortes longues-vues usitées avaient 8 pieds de
foyer et produisaient l'effet d'une longue-vue actuelle, qui serait plus courte des deux tiers.

Aujourd'hui, tous les calculs d'Huygens qui ont
pour bases des objectifs simples ne sont plus d'aucune utilité. Avec des foyers vingt et trente fois plus
courts, on obtient, en fait de grands instruments,
des effets identiques. Une lunette achromatique
de 4 pouces d'ouverture et de 5 pieds de foyer
grossit deux cents fois; c'est tout ce que pouvaient

produire les anciens objectifs, dont les foyers s'é-
tendaient à 100 pieds.

Il est à noter que plus les instruments sont puissants, plus se manifeste avec éclat la supériorité
actuelle de l'optique. Un bon objectif achromatique de 8 pouces d'ouverture et de 10 pieds de
foyer donne le même résultat que la lentille
d'Auzout, qui en avait 300. Une ancienne lunette,
pour atteindre à la puissance de celle de 14 pouces
d'ouverture que possède notre Observatoire,
aurait dû avoir un foyer de 8 à 900 pieds, au
lieu de 25 !

Voyons maintenant comment on parvenait à
utiliser les objectifs à longs foyers. On cite des
corps de télescopes d'une longueur prodigieuse.
Leurs tubes de bois, de cuivre ou de tôle, étaient
maintenus sur deux planches croisées à angle droit
et formant une *gouttière*. La gouttière reposait sur
un pied mobile, ou était soutenue par des cordages,
roulant sur des poulies fixées à de grands mâts.

Si l'on s'en rapporte à Smith (*trad. d'Avignon*,
liv. IV, ch. II), Cassini fils aurait fait avec Maraldi,
en 1729, des observations sur Vénus, au moyen de
tubes de 82 et 114 pieds. Cassini père (*ibid.*, ch. VI)
aurait découvert, en 1671, deux des satellites de
Saturne, avec des *tubes* de 100 et de 136 pieds.
J'ai peine à croire, je l'avoue, qu'il n'y ait pas ici
de l'exagération.

Quant au monstrueux objectif d'Auzout, on comprend l'impossibilité complète de l'adapter à un tube qui, placé debout, eût surpassé de 32 mètres les tours Notre-Dame. On dut, pour tirer parti d'une semblable lentille, avoir recours à d'autres expédients que je vais expliquer.

Lunettes dites sans tuyaux ou aériennes. — Le plus souvent on se servait, sans emploi de tubes, des objectifs dont le foyer dépassait 30 mètres. Comme il s'agissait d'observer les astres, de nuit, l'obscurité remplaçait en quelque sorte des tuyaux noircis à l'intérieur. On enchâssait l'objectif dans un court cylindre, auquel tenait une tige aboutissant à une boule de cuivre qui tournait en tous sens dans une sphère creuse, comme on en voit aux pieds de petits télescopes réflecteurs. Les objectifs plus larges étaient maintenus dans des cadres ou châssis de bois, également pourvus d'un appendice à pivot.

L'appareil, quel qu'il fût, qui portait l'objectif, reposait sur une espèce de plate-forme de bois, qu'on faisait monter avec des cordes le long d'une rainure, au sommet d'un mât, à peu près comme ces grosses boules noires qu'on hisse sur nos ports, pour indiquer au loin la hauteur de la marée. Du châssis où était l'objectif partait une corde ou un fil métallique, aboutissant à un tube oculaire que l'observateur tenait à la main, en s'appuyant sur une sorte de petite échelle, comme on le voit sur quelques estampes, relatives à l'Observatoire de Paris ou annexées à l'Encyclopédie et à d'anciens traités d'optique.

Je ne comprends guère, je l'avoue, comment, passé une certaine longueur, on pouvait tenir tendu ce fil, qui servait à diriger l'axe de l'oculaire dans celui de la lentille objective. Quelquefois aussi le tube était fixé sur une pièce de bois, rendue mobile à l'aide d'un procédé quelconque.

Quand l'objectif était tenu à la main, l'observateur devait, à chaque instant, sans le quitter, se déranger à droite ou à gauche, en avant ou en arrière, afin de se trouver dans l'axe de son objectif, à mesure qu'il le mouvait pour lui faire suivre la locomotion apparente des astres. Je suppose qu'en certaines occasions, un ou deux hommes de service le secondaient dans cette manœuvre assez compliquée. Le métier d'astronome nous paraît assez rude aujourd'hui : mais qu'était-il autrefois !

Quant à l'objectif d'Auzout (le premier nom français qu'on rencontre dans l'industrie des télescopes), Cassini dut, pour en tirer parti, avoir recours à des procédés plus gigantesques, par exemple, établir sur la terrasse de l'Observatoire un système de charpentes tout exprès. M. Arago

16.

nous apprend, à ce sujet, qu'on se servit d'une haute tour de bois construite pour établir la machine hydraulique de Marly. Cette tour figure en effet sur un grand nombre de vues de Paris de l'époque, et sur une estampe de Perelle. Elle paraît dépasser plus ou moins la plate-forme de l'Observatoire, près duquel elle s'élève, mais ne pas atteindre à 200 pieds. A coup sûr, sa hauteur était insuffisante, pour peu qu'on voulût observer un astre assez proche du zénith. Je suppose qu'on établissait sur la tour un échafaudage supplémentaire, et, qu'en tout cas, on ne pouvait se servir d'un tel objectif qu'avec l'assistance de quelques aides, qui le manœuvraient, selon les ordres de l'observateur, muni d'un porte-voix.

Il est certain que cette haute tour, construite probablement vers 1676, époque où fut commencée la machine de Marly, et devenue inutile, fut transportée à l'Observatoire, alors achevé depuis deux ans, pour l'usage des astronomes. Je suis fâché de n'avoir pu trouver de détails plus circonstanciés sur l'emploi de l'objectif exceptionnel d'Auzout. M. Delaunay, dans son *Astronomie*, nous apprend qu'il fut exécuté vers 1664, c'est-à-dire trois ans avant qu'on eût commencé à bâtir l'Observatoire. Je crois au reste qu'il dut servir rarement, ainsi qu'il arriva au grand télescope d'Herschel, vu l'embarras de la manœuvre.

On faisait, sans doute, dans la plupart des cas, usage d'instruments plus commodes, beaucoup moins longs et d'une puissance suffisante, bien que munis d'objectifs simples. On fabriquait déjà des lunettes de ce genre assez parfaites pour amplifier beaucoup sans avoir les foyers qu'indique la théorie d'Huygens. Auzout lui-même (selon M. Arago) cite des lunettes de Campani qui, longues seulement de 17 pieds, pouvaient grossir les astres jusqu'à cent cinquante fois. C'était une sorte de merveille, en France, avant l'achromatisme. Aujourd'hui, une bonne lunette de cette longueur, avec une ouverture convenable, amplifierait au moins cinq fois autant.

Il est vraisemblable qu'il existait peu d'astronomes-amateurs, à une époque où les moindres télescopes avaient 3 ou 4 mètres de long; aussi toutes les anciennes découvertes importantes ont-elles été faites par des hommes de science spécialement voués à l'observation du ciel.

Depuis longtemps, les opticiens du XVIIᵉ siècle cherchaient un moyen de raccourcir les lunettes, sans diminuer leur puissance. Quelques savants, réfléchissant sur la construction de l'œil, se disaient qu'on pourrait peut-être, en se guidant sur cet admirable modèle, produire des objectifs achromatiques, mais le grand maître de l'époque, Newton, avait déclaré cette idée impraticable. On prit une

autre voie pour atteindre le but : on en revint au
système qui avait été signalé depuis plus de trente
ans, mais jamais mis sérieusement en pratique. Je
veux parler des instruments où les miroirs rem-
placent les objectifs de verre, et qu'on nomma
(pour les distinguer des télescopes à réfraction ou
lunettes astronomiques), *télescopes à réflexion* ou
catadioptriques. Je vous expliquerai demain le
jeu de ces nouveaux instruments, qui s'appellent
aujourd'hui *télescopes* tout court.

ONZIÈME CAUSERIE.

Miroirs ardents des anciens. — Des télescopes réflecteurs. — Zucchi, Mersenne, Gregory, Newton, Jean Halley, Cassegrain, Short.

—

Miroirs concaves. — Avant de commencer cette leçon, je présentai à mes élèves un miroir de toilette, de forme concave. — Je suis affreuse dans ce miroir ! s'écria Pauline. J'y vois ma tête cinq ou six fois plus grosse que nature : pourquoi cela ? — Nous le saurons tout à l'heure. Notons d'abord que ce miroir produit, mais d'une autre manière, l'effet d'une large lentille. Son foyer réel est d'environ 30 centimètres ; quand on s'en rapproche assez pour être en deçà de cette distance focale, on voit son portrait se produire par réflexion et *virtuellement*. Si l'on recule peu à peu, l'image se dilate de plus en plus, puis se brouille, puis on ne voit plus rien ; enfin à partir de 60 centimètres environ de distance, l'image se reforme. Cette fois elle est *réelle*, renversée, très-nette, très-lumineuse et amplifiée de plusieurs diamètres.

C'est sur ce second effet du miroir concave qu'est fondé le télescope réflecteur. Mais il faut, pour obtenir de bons résultats, qu'il soit de métal et d'une courbe parfaite. Ceux de verre étamé offrent un inconvénient; le contour des images se double et s'altère d'autant plus que le verre est plus grossier et plus épais. Celui que je tiens suffit très-bien à l'usage auquel il est destiné, mais on en ferait un très-mauvais télescope, si l'on s'avisait d'amplifier ses images réelles.

L'image aérienne et renversée que fournit un miroir concave se produit par la convergence des rayons, comme celle formée par une lentille de verre, sauf que cette convergence a pour cause la réflexion et non plus la réfraction à travers le cristal.

Voici en peu de mots ce qui se passe. Si des rayons tombent d'aplomb sur une glace plane, ils rétrogradent vers leur source; s'ils se présentent de biais, ils sont repoussés en un sens opposé à celui de leur direction, tout en conservant le même angle d'obliquité. Des rayons directs tombent-ils sur un miroir oblique ; c'est absolument comme s'ils frappaient de biais un miroir plan, seulement leur déviation est ici due à l'inclinaison du réflecteur.

Or, un miroir circulaire et d'une concavité régulière présente une surface oblique sur tous ses points, hors au centre. Les rayons plus ou moins parallèles qui rencontrent sa surface se coudent, se relèvent dans un sens opposé à celui de leur chute, de leur *incidence*. En vertu de la forme du miroir, ils s'inclinent l'un vers l'autre avec régularité et tendent à se réunir en un même point de l'axe du miroir. Ce point est le foyer, qui est plus ou moins long, suivant la distance des objets et le degré de concavité du réflecteur. Les rayons, à partir de l'endroit où se forme le cône, commencent à s'entre-croiser : alors apparaît l'image *réelle* renversée, qui est le principe fondamental de l'instrument.

Plus le foyer d'un miroir est long, autrement dit plus sa concavité est faible, plus les images arrivent agrandies à l'œil de l'observateur. Le tube d'un télescop eréflecteur peut être infiniment plus court, à égale puissance, que celui d'une lunette dioptrique à objectif simple, parce que, grâce à la pureté et à l'éclat des images, il est permis d'amplifier beaucoup par l'oculaire.

Il s'agit ici des miroirs métalliques; ils ne réclament pas le secours de l'achromatisme, car la réflexion s'opérant sur une surface sans épaisseur et bien homogène ne décompose pas les rayons, qui vont tous converger vers le même point; mais ces miroirs ne sont pas exempts d'aberration de sphéricité, à moins que leur courbure ne soit parfaitement travaillée d'une certaine manière sur les bords.

Nous avons dit qu'une lentille de 1 mètre de

foyer peut être considérée comme le segment d'une sphère pleine, vitreuse, qui aurait en diamètre cette même mesure, plus un dixième (à cause de la réfrangibilité du verre) ; mais les foyers des miroirs métalliques ne suivent pas la même loi. Sachez, sans autre explication, qu'un miroir qui a 3 pieds de longueur focale est le segment d'une sphère creuse métallique, ayant un diamètre intérieur de 12 pieds.

— De quel métal sont fabriqués ces miroirs? interrompit ma tante; d'argent, sans doute, ou de platine. — Détrompez-vous : quelques petits opticiens de province croient encore qu'il entre dans les miroirs télescopiques des métaux précieux. La base de leur composition est tout simplement le cuivre et l'étain, en certaines proportions. On y ajoutait quelques portions d'arsenic ou d'antimoine, rarement un peu d'argent.

Miroirs concaves des anciens. — Il est notoire que les anciens connaissaient la vertu comburante d'un miroir métallique, consistant soit en un seul disque concave, soit en un assemblage de petits miroirs plans, inclinés de manière à réfléchir vers un même point les rayons du soleil. Qui n'a entendu parler des miroirs incendiaires d'Archimède ? Mais il est une question qui n'a pas encore été éclaircie : les anciens ont-ils utilisé la propriété que possèdent les miroirs concaves de former dans l'air, plus ou moins loin, suivant leurs degrés de courbure, des images nettes, renversées et amplifiées des objets lointains ?

Selon M. Arago, d'anciens historiens ont cité un instrument placé au sommet du phare d'Alexandrie, et au moyen duquel on découvrait de très-loin les vaisseaux. Cet instrument, s'il a réellement existé, était peut-être un grand miroir concave à long foyer, employé pendant la nuit à projeter sur la mer la lumière du phare. Si on lui suppose une courbure régulière et un parfait poli, on admettra qu'il pouvait produire l'effet amplifiant de certains télescopes employés sans oculaires. Mais n'est-il pas étonnant que ces historiens, amis du merveilleux, n'aient pas signalé cette circonstance que les images des vaisseaux étaient renversées ?

Première idée du télescope à réflexion. — A quelle époque remonte, chez les modernes, la première idée du télescope réflecteur ? On lit, selon Pezenas, traducteur de Smith (édit. d'Avignon), dans les *Amusements philosophiques*, publiés par le cordelier Abat, à Marseille, que le père *Mersenne* « proposa à Descartes d'employer des miroirs concaves au lieu d'objectifs transparents dans les lunettes d'approche. » Cette idée aurait été exprimée dans

17

une lettre datée de 1639, mais cette lettre n'ayant été imprimée qu'en 1666, on ne peut, suivant M. Arago, accorder à Mersenne la priorité de l 'invention.

D'autre part, le père Zucchi, jésuite à Parme, a écrit dans son *Optica Philosophia* (Lyon, 1652), que, dès l'année 1616, réfléchissant sur la théorie des lunettes d'approche, il eut l'idée de substituer des miroirs concaves de métal aux objectifs de verre. Il ajoute qu'ayant trouvé chez un célèbre amateur de curiosités un miroir de cuivre très-bien travaillé, il observa les objets terrestres et les astres au moyen de ce miroir, en maintenant près de son œil un verre concave d'une courbe convenable.

Tels sont les détails circonstanciés qui résultent du texte latin du père Zucchi, texte cité par le professeur Pezenas, et que je traduis ici. Faut-il croire sur parole le père Zucchi ? N'aurait-il pu avoir pris connaissance de la lettre écrite en 1639 à Descartes, et communiquée au public seulement vingt-sept ans plus tard ? A coup sûr il est difficile de pendre un parti. Ce qu'il y a de certain, c'est qu'il n'est pas une question, même de détail, au sujet de l'origine de chaque espèce de télescope, qui puisse se résoudre positivement. Les compétiteurs abondent, mais jamais munis de preuves palpables.

On admettra, si l'on veut, que ces deux savants ont, chacun de son côté, conçu la même idée. Mais si l'on n'accorde de confiance qu'aux dates certaines de publication, le père Zucchi a l'avantage sur le père Mersenne. Le premier, en effet, a dès 1652 (sinon dès 1616), signalé le télescope à miroir, et détaillé les moyens de l'exécuter. Je trouve même que l'idée de Zucchi de former avec un miroir une sorte de télescope dans le système de Galilée donne quelque autorité à la date de 1616, époque où l'on n'employait comme oculaires que des verres concaves.

Il paraît que le jésuite de Parme se servit peu de son instrument, qu'il devait trouver assez incommode et fort imparfait. Pour agrandir l'image focale avec un oculaire concave, il fallait le placer beaucoup en deçà du point de croisement des rayons. Le front de l'observateur interceptait donc une notable partie de la lumière, pour peu que le miroir (ce qu'il n'explique pas) fût de médiocre dimension et à court foyer. Nous verrons plus tard Herschel établir, en ce genre, d'excellents télescopes à réflexion.

Trois ans *avant* l'impression de la lettre de Mersenne, c'est-à-dire en 1663, un savant Ecossais, Jacques Gregory, de la ville d'Aberdeen, fit paraître son *Optica promota,* ouvrage où il décrit un télescope formé de deux miroirs, lequel porta toujours son nom. Ce système, que j'expliquerai tout à l'heure, est fort ingénieux; mais la première idée de l'emploi des miroirs dans les télescopes ne peut revenir à Gregory. Il paraît, au reste, qu'il n'exécuta pas lui-même son instrument, qui, par la suite, fut presque le seul usité en Europe.

Télescope de Newton. — Newton devait nécessairement avoir eu connaissance des ouvrages de Zucchi, Mersenne et Gregory, quand il résolut, quelques années avant 1672, de construire, à sa manière, un télescope réflecteur. Ce qui le détermina à cet essai, ce fut sans doute l'embarras des longues lunettes et l'impossibilité de se procurer un objectif à court foyer exempt d'iris, défaut qui, à son avis, serait toujours sans remède. Cette prédiction, par bonheur, s'est trouvée fausse.

Si Newton n'a pas inventé le télescope à miroirs, il lui reste l'honneur d'avoir établi de ses mains le premier qui pût servir à l'astronomie. Mersenne et Gregory ne l'avaient créé qu'en théorie; Zucchi avait, il est vrai, donné un corps à l'idée, mais le résultat était trop imparfait pour la pratique. Il faut de plus accorder à Newton le mérite d'avoir ajouté à l'instrument une modification avantageuse, sinon commode.

Le miroir du télescope newtonien était placé au fond d'un tube de bois; l'image aérienne venait se projeter, à une certaine distance, sur un point de l'axe du miroir. Là, elle rencontrait un très-petit miroir plan, incliné de 45 degrés, qui la rejetait, au delà d'une ouverture latérale pratiquée vers l'orifice du tube, sur un oculaire convexe, simple ou double, qui l'amplifiait sans la redresser. Cette manière de regarder sur le côté était peu agréable, et il fallait une grande habitude pour trouver de suite tel ou tel astre et le maintenir dans le champ ; au reste, on rendait cette tâche moins difficile au moyen d'un *chercheur* placé sur le gros tube.

—Mais, objecta Pauline, ce petit miroir, ajusté au milieu du tuyau, devait arrêter les rayons destinés à former l'image centrale ?—Ce petit disque n'interceptait pas spécialement les rayons du centre, mais affaiblissait, en proportion de son diamètre, l'intensité de la lumière étalée sur la surface totale de l'image. Il ne faudrait pas croire, par exemple, qu'en examinant la lune dans un télescope newtonien, son image serait celle d'un grand disque lumineux, assombri dans sa portion centrale par l'ombre projetée du petit miroir : ce serait avoir une fausse idée de l'optique. Rappelons-nous (page 23) qu'en couvrant de papier une partie quelconque de la surface d'un objectif, on n'ôte à l'image ni sa forme ni sa dimension, mais qu'on obscurcit seulement son éclat général.

Ce qui nuisait le plus à la puissance amplificative de ce télescope (l'illustre père de la théorie de la lumière ne l'ignorait pas), c'était la nécessité

17.

d'une double réflexion, d'où résultait une perte de plus de moitié des rayons. Ce n'est qu'en augmentant, sans modifier son foyer, la surface du miroir concave, qu'on peut réparer cette perte.

Le miroir objectif de Newton donnait une image tout à fait achromatique, mais sans doute non exempte d'un peu d'aberration de sphéricité vers les bords ; défaut auquel il avait, je suppose, remédié au moyen d'un diaphragme convenable. On conserve dans le principal musée de Londres ce premier télescope de Newton ; je l'ai vu en 1832, mais alors j'étais fort peu curieux d'optique et je l'ai vite oublié. On en voit deux construits en ce genre au Conservatoire des Arts et Métiers.

Comme avec un miroir il est permis de grossir, par l'oculaire, l'image focale beaucoup plus qu'avec l'emploi des objectifs simples, Newton se délivra ainsi de l'embarras d'une lunette à long foyer ; là, était pour lui le principal avantage de cette innovation. Néanmoins, longtemps encore après 1672, les astronomes qui avaient un local assez spacieux continuèrent à se servir de télescopes réfracteurs à très-longs foyers, d'autant plus volontiers qu'on ne pouvait se procurer qu'à des prix élevés de bons miroirs métalliques. D'autre part, la disposition de l'instrument de Newton le rendait assez difficile à manier. Ce dernier motif surtout engagea les savants opticiens de l'époque, presque tous astronomes, à donner à ce genre d'instruments une forme plus avantageuse.

Télescopes de Gregory.—Vers 1719, Jean Halley construisit, à titre d'opticien, un assez grand nombre de télescopes newtoniens, mais il y renonça ensuite pour en établir d'après la théorie de Gregory. Le système gregorien a l'inconvénient d'absorber encore plus de lumière que celui de Newton, parce que les rayons se croisent une seconde fois ; mais il offre un grand avantage : il permet de viser directement les objets, comme avec un télescope dioptrique, et de les voir redressés, de sorte qu'on peut s'en servir pour les observations terrestres.

En voici le mécanisme : au fond d'un tube noirci, on place un miroir métallique, percé, au centre, d'une ouverture dont le diamètre est un peu moindre que le tiers du diamètre total. Supposons à ce miroir un foyer de 3 pieds ; il forme à cette distance, par voie de réflexion, l'image aérienne et renversée d'un objet lointain. Au point où les rayons se sont croisés, se trouve un autre petit miroir concave, parallèle au grand et placé juste au centre optique du tube. Il renvoie l'image, redressée cette fois, à travers le trou du miroir du fond, sur un oculaire convexe (simple ou combiné), qui l'amplifie dans les limites de sa puissance, laquelle est proportionnée à la surface du miroir objectif. Cet oculaire n'est pas redresseur, car, dans ce cas, il renverserait de nouveau l'image.

Le petit miroir est d'un diamètre un peu plus large que le trou qui lui fait face. Suspendu à une tige très-mince, il intercepte environ un neuvième des rayons. Quant au trou du grand miroir, il ne peut contribuer à l'affaiblissement de la lumière. Il est bien entendu que, suivant la distance des objets visés, et selon la portée de chaque vue, on doit allonger ou raccourcir le foyer. Ici ce n'est pas l'oculaire qui est mobile, c'est le petit miroir dont la tige, mue par un bouton attaché à une vis de rappel, se rapproche ou s'éloigne du grand.

Cette forme est certes très-ingénieuse et très-commode, mais, selon M. Arago, la première réflexion sur le miroir-objectif réduit de *moitié* l'intensité lumineuse de l'image ; la seconde produit une absorption semblable ; il ne reste donc plus au foyer de l'oculaire que le *quart* de la lumière introduite par l'orifice du tube. Encore omet-on, dans ce calcul, la portion de rayons interceptée par le petit miroir, et la perte provenant de leur double croisement.

Malgré cette triple source d'affaiblissement, le télescope de Gregory est celui qui a eu le plus de vogue et s'est le plus multiplié en Europe au siècle dernier. Au reste, pour compenser cette diminution de l'éclat de l'image, on donnait au grand miroir une plus large surface, sans allonger son foyer. Disons aussi que M. Arago, pour offrir des proportions faciles à retenir, a exagéré la perte de lumière; suivant les expériences de W. Herschel, sur 1,000 rayons qui tombent sur un miroir bien poli, il y en a de réfléchis, non pas 500, mais 673.

La fabrication des bons miroirs métalliques a toujours été fort dispendieuse. Il y avait mille difficultés à vaincre pour la fonte du métal, l'exécution des bassins, la courbure et surtout le travail du polissage. Avant Herschel, dont le génie industriel sut produire, par centaines, des miroirs immenses et parfaits, on n'arrivait qu'en tâtonnant à construire des télescopes réflecteurs d'une grande puissance, et l'on ne savait donner la perfection qu'à ceux de petit calibre.

Télescope de Cassegrain. — En 1672, l'année même où Newton présentait son télescope réflecteur à la Société royale,. celui-là même que l'on conserve à Londres, Cassegrain, opticien *français*, en construisait un dans le système de Gregory, avec cette différence que le petit miroir était *convexe* et placé dans le tube, en deçà du foyer du miroir principal. L'image focale, avant d'avoir le temps de se renverser, venait tomber sur le miroir convexe, lequel, par sa divergence, forçait les

rayons à se croiser seulement près de l'oculaire. Le
tube de ce télescope était plus court que celui de
Gregory, et l'image plus nette et plus lumineuse,
sans doute parce que les rayons ne se croisaient
qu'une seule fois, mais cette image étant à l'envers,
l'instrument ne pouvait servir qu'aux observations
célestes, à moins qu'on n'y adaptât un oculaire
redresseur.

Je ne sais pourquoi les astronomes n'ont pas
donné la préférence au système de Cassegrain. Son
télescope serait-il moins puissant, ou aurait-il un
champ plus borné que celui de Gregory ? je ne le
pense pas, puisque l'oculaire se composait également d'une combinaison de deux loupes. Du reste,
je n'ai jamais eu occasion d'essayer de télescope
Cassegrain. Le Conservatoire en possède un modèle
(sous le n° F. c. 35) construit par Short. Mais il
serait difficile, m'a-t-on dit, d'en voir l'effet, avant
d'en avoir repoli les miroirs.

Je suppose que le petit miroir convexe, par l'action de sa courbure, contraire à celle du miroir objectif, et par sa position en avant du foyer, retarde,
allonge, plie en deux, en quelque sorte, la distance
focale où les rayons réfléchis se réunissent et se
croisent, résultat qui entraîne le raccourcissement
du tube. Un miroir convexe semble rapetisser les
images qu'il réfléchit, mais n'oublions pas (page 64)
que les lentilles concaves, qui semblent aussi ra-

petisser les objets, servent à amplifier par leur divergence. La théorie du télescope de Cassegrain doit avoir une certaine analogie avec celle de la lunette de Galilée ; mais l'effet s'opère en sens inverse, puisqu'il agit par réflexion.

Télescopes célèbres avant Herschel. — Smith, en son livre II, cite dans ses *remarques* des télescopes à miroirs, célèbres de son temps : celui de *Hadley* de 5 pieds 3 pouces de foyer, qui grossissait deux cent trente fois ; celui de Hauksbée, de 3 pieds 3 pouces seulement, qui amplifiait deux cent vingt-six fois. Il ajoute que Newton recommandait l'usage des miroirs de *verre étamé*, et que, Short, opticien renommé d'Édimbourg, vers 1730, exécuta plusieurs télescopes en ce genre, d'une grande perfection, mais assez petits, car les plus longs n'avaient que 15 pouces de foyer. Il finit, ajoute Smith, par n'en plus fabriquer « àcause des veines qui se manifestoient dans le verre. »

Nos opticiens n'admettent pas qu'on puisse faire de bons miroirs de télescopes avec du verre étamé, je le répète, par ce motif, que la surface vitreuse qui précède la couche d'étamage, réfléchissant aussi les objets, double les contours de leurs images. Si pourtant on accepte le témoignage de Smith, on serait parvenu de son temps à en produire d'excellents. Herschel lui-même, suivant M. Arago, employa quelquefois des miroirs de cette espèce, qui avaient jusqu'à 6 pouces et demi d'ouverture.

Short ne fabriqua plus par la suite que des télescopes à miroirs métalliques, d'après le système de son compatriote Gregory. On en cite plusieurs (1734) qui produisaient, eu égard à leur petitesse, des effets merveilleux : un, entre autres, de 4 pouces de foyer, qui faisait voir *très-bien* les satellites de Jupiter, ce qui suppose une amplification d'environ 20 diamètres. On voit à notre Conservatoire plusieurs télescopes du célèbre opticien écossais, un grand, entre autres, dont le tube de bois a environ 1 pied d'ouverture.

On pourrait aussi établir, dans le système de Gregory, des télescopes dont les miroirs grand et petit, au lieu d'être circulaires, seraient carrés et d'une courbe légèrement cylindrique.

Le grand miroir fournirait des images virtuelles très-allongées, qui deviendraient très-larges, au contraire, au point du croisement des rayons. Le petit miroir, placé en sens inverse, enverrait, je pense, à l'oculaire, une image droite et régulière, amplifiée en proportion de la longueur focale. Je doute, au reste, que ce genre de télescope assez bizarre fût plus facile à fabriquer que ceux d'une forme généralement usitée.

DOUZIÈME CAUSERIE.

—

Télescopes réflecteurs d'Herschel. — Occupons-nous maintenant des instruments que Guillaume Herschel construisait vers la fin du XVIIIe siècle. En lisant l'intéressante biographie de l'illustre astronome hanovrien (publiée par M. Arago), on se fera une idée de l'étonnante activité, de l'habileté merveilleuse qu'il déploya à partir de 1774 dans un art mécanique auquel il était naguère tout à fait étranger, puisqu'il commença par se distinguer comme musicien.

Un jour, à Bath, il lui tombe sous la main un petit télescope réflecteur ; il le dirige vers le ciel, s'enthousiasme, et décide qu'il en fera venir de Londres un semblable, mais plus puissant. Le prix

[1] Les meilleurs traités d'astronomie modernes écrivent *Herschel* et non *Herschell*. Le fils du célèbre astronome signe John *Herschel*.

18

excessif de l'instrument effraye sa bourse ; son imagination s'échauffe, il entreprend d'en fabriquer
lui-même un de grande dimension : il renonce à la
musique, se fortifie dans l'étude des mathématiques, achète des métaux et quelques outils d'opticien, puis se met au travail. En 1781, il avait
façonné plus de deux cents miroirs, la plupart d'un
large diamètre et d'une rare perfection. Enfin, un
soir, il débuta dans la carrière astronomique par la
découverte inouïe d'une nouvelle planète, reculée
bien au delà des limites connues de notre monde.

Parmi les télescopes à réflexion qu'Herschel
créait par centaines, il s'en trouvait de tous les
systèmes, quelques-uns même composés de miroirs
en glace étamée. Mais ses plus puissants consis-
taient en un unique miroir métallique, placé au fond
d'un large tube de cuivre ou de bois, légèrement
incliné, de manière à projeter l'image aérienne très-
amplifiée et très-lumineuse des objets, au bord de
l'orifice du tube où il l'examinait, tantôt à l'œil
nu, tantôt à l'aide d'une loupe simple ou double,
quelquefois aussi comme Galilée, au moyen d'un
verre concave. Dans ce dernier cas, il plaçait
son miroir dans un tube assez court, pour que l'o-
culaire pût recevoir l'image avant le croisement
des rayons. Il préférait, dit-on, les oculaires concaves, spécialement dans l'emploi des télescopes à
miroirs étamés.

Ce qui avait décidé Herschel à ne composer que d'un seul miroir ses plus gros instruments, qu'il nommait *front-view* (à vue de face), c'est ce fait bien prouvé, qu'avec le système composé de deux miroirs, on perd environ les trois cinquièmes de la lumière. Ce genre de télescopes n'était pas une innovation, puisque nous l'avons vu signalé et même exécuté, tant bien que mal, par le père Zucchi dès 1616 ou du moins vers 1652 (page 194); puisque, quelques années avant la naissance d'Herschel, en 1732, un savant français, Jacques Lemaire, avait remis en question la théorie du système de Zucchi, et en avait développé tous les avantages, dans un recueil scientifique.

Lemaire, au reste, ne songeait nullement à mettre en pratique ce projet rajeuni, et il l'appliquait à des instruments d'une si médiocre dimension, qu'il eût été irréalisable. Il donnait à son miroir une forte inclinaison, afin de rejeter l'image focale tout à fait en dehors de l'instrument, et d'éviter ainsi que le front de l'observateur interceptât une partie des rayons lumineux. Une telle disposition ne donnerait que de mauvais résultats, l'excès d'obliquité du miroir devant nécessairement déformer la régularité de l'image. J'ai vu quelque part un dessin de cet instrument : on remarquait sous le gros tube contenant le miroir un tube plus étroit, qui formait une sorte d'embranchement avec le corps principal du télescope ; ce petit tube renfermait l'oculaire.

Herschel comprit que la première condition d'un télescope *à voir de face*, c'est une très-large ouverture, capable de rendre à peu près nulle la perte de rayons qu'occasionne l'interposition du front de l'observateur. Ses vastes miroirs étaient légèrement inclinés, assez pour amener l'image à l'orifice du tube, mais pas assez pour la déformer. Il se servait de ces grands télescopes, *front-view,* dès 1784.

Grand télescope d'Herschel. — Le plus grand instrument de ce genre qu'Herschel eût établi, celui qui eut tant de célébrité en Europe, et dont Georges III fit les frais, avait un miroir de 147 centimètres d'ouverture et de 12 mètres de foyer. Tous les ouvrages modernes sur l'optique le décrivent. On peut prendre une idée des procédés imaginés pour manœuvrer son énorme tube de bronze, espèce de large puits, en jetant un regard sur le dessin qu'en ont donné, dans leurs *Traités d'Astronomie*, M. Delaunay d'abord, puis M. Arago. La planche, gravée sans doute d'après un dessin original anglais, représente un assemblage de mâts, de cordages et de poulies, dont le jeu imprimait au télescope-monstre toutes les inclinaisons nécessaires, jusqu'à la direction verticale.

L'immense surface de métal poli qui constituait

le miroir produisait, à 12 mètres de distance, une image aérienne si éclatante, qu'on pouvait y appliquer des oculaires à très-courts foyers. Elle était par elle-même déjà si ample, vu la longueur du foyer, qu'à l'œil nu on distinguait les détails des principales planètes, éclairés d'une vive lumière. Avec des loupes oculaires, Herschel obtenait, sur la lune, un grossissement d'environ deux ou trois mille diamètres; et quand il s'agissait d'élargir l'espace si exigu, interposé entre deux étoiles qui semblent n'en former qu'une seule, il doublait cette force amplificative.

— Je me demande, dit Pauline, comment on pouvait s'approcher des oculaires ajustés au bord du gros tube, surtout quand il était vertical. — L'observateur était placé sur une plate-forme suspendue à l'orifice du tube, comme les fauteuils accrochés à ces balançoires qui ont la forme de grandes roues; il était ainsi enlevé avec l'instrument et en suivait les évolutions.

Herschel, au reste, faisait un rare usage de son gros télescope, parce que (ainsi qu'il nous l'apprend lui-même), comme il grossissait, en proportion de sa puissance, les réfractions atmosphériques et les vapeurs de toute sorte qu'exhale la surface de la terre, le plus souvent l'embarras de la manœuvre ne balançait pas l'avantage qu'il en pouvait tirer. Il y avait recours uniquement quand

18.

l'air était calme et très-limpide, circonstances si rares en Angleterre, qu'au dire d'Herschel lui-même, il n'y avait guère que cent heures, dans le cours d'une année, où il lui fût permis de s'en servir avec succès. Aussi, employait-il presque toujours pour ses observations des télescopes d'une dimension inférieure.

Autre inconvénient, fort imprévu sans doute, de son grand miroir : les variations thermométriques de l'air avaient beaucoup d'influence sur l'état de cette énorme masse de métal. Sa température était toujours en retard sur celle de l'atmosphère ambiante; effet très-nuisible à la clarté des images, à moins qu'on ne prît soin de refroidir ou de réchauffer le miroir. Son foyer s'allongeait ou se raccourcissait un peu, selon que le métal était resserré par le froid ou dilaté par la chaleur.

Notons en passant que cette même influence agit d'une manière plus ou moins sensible sur les instruments d'optique, de toutes dimensions, composés de miroirs métalliques, ou de lentilles de verre.

Télescope réflecteur de lord Ross.—De nos jours, lord Ross a construit un télescope *front-view*, qui surpasse en dimension et en puissance celui d'Herschel (qui ne sert plus et n'est conservé qu'à titre de monument). Lord Ross en a lui-même façonné le miroir par un procédé qui est son secret. Ce miroir, selon M. Arago, a 183 centim. d'ouverture et près de 17 mètres de foyer. On l'a décrit dans divers recueils scientifiques, notamment cette année (1854), dans un article de la *Revue des Deux-Mondes*, où l'on donne quelques détails sur la machine qui fait mouvoir son tube colossal, dont le poids dépasse 6,600 kilogrammes.

M. Arago nous apprend que le miroir, pesant 3,809 kilogr. est *presque* totalement exempt d'aberration de sphéricité, grâce à la forme légèrement parabolique de ses bords ; c'est-à-dire que la courbure de sa surface est un peu affaiblie vers l'extrémité de son pourtour, de sorte que tous les rayons convergent vers le même point. L'avantage de cette disposition avait été signalé autrefois par Descartes.

S'il en faut croire un article de l'*Athœneum an-glais*, nous verrons, à notre Exposition, des copies des télescopes que possèdent les lords Ross, Lassell et Nasmyth.

Abandon des télescopes à miroirs ; leur avenir. — Depuis près d'un demi-siècle environ, on a renoncé, en France, à l'emploi des télescopes réflecteurs, et accordé une préférence exclusive à ceux basés sur la réfraction. Depuis le commencement jusque passé le milieu du XVIIIe siècle, les premiers furent d'un usage général, surtout pour les particuliers qui s'occupaient d'astronomie, ou recherchaient simplement les avantages qu'on retire d'une longue-vue. Les grands observatoires pouvaient se permettre l'emploi des lunettes à très-longs foyers ; mais un simple amateur ne savait où les loger, tandis qu'il trouvait dans le télescope de Gregory un instrument équivalent et dix fois plus court.

Il en fut ainsi jusqu'à l'an 1754, époque où un opticien de Londres parvint à construire des lunettes à objectifs achromatiques, presque aussi courtes que les télescopes à miroirs, à égalité de puissance. Néanmoins, comme ces lunettes étaient d'un prix fort élevé, et qu'on n'en savait fabriquer qu'à Londres, les télescopes réflecteurs, moins coûteux, eurent toujours la vogue en France, jusqu'au temps où commença à se répandre en Europe (vers 1800) le secret de fabriquer le bon *flint-glass*, secret dont jusque-là les opticiens anglais avaient eu seuls possession.

En Angleterre, on établit encore, de nos jours, des télescopes à miroirs ; mais nos opticiens ont tout à fait perdu cet art, si connu sous Louis XVI. Ce qui reste chez nous de ces instruments se vend à bas prix, à titre d'objet de curiosité scientifique. Les miroirs en sont, du reste, presque toujours ternes, tachetés, hors de service ; or, il n'y a plus à Paris qu'un opticien âgé, M. Soury, qui se charge de leur rendre leur éclat sans altérer leur courbe ; opération dispendieuse, vu les difficultés à vaincre, et surtout, je pense, à cause du peu d'alimentation de cette industrie tombée.

La fabrication des télescopes réflecteurs se relèvera sans doute en France, dès qu'on possédera, pour l'appliquer aux grands miroirs, un métal à la fois dur, très-blanc, inoxydable, et susceptible de conserver un inaltérable poli. Toutes ces conditions se trouveront, je crois, réunies dans un alliage où entrera l'aluminium, métal qu'on obtient déjà en notable quantité, grâce aux efforts, naguère récompensés (voy. *le Moniteur* du 15 mars) de MM. Deville et Wohler.

Le jour où l'on pourra fondre ce métal à pleins creusets, on songera certainement à en tirer d'immenses miroirs de télescopes.

Jusqu'à ce moment, les lunettes achromatiques prévaudront. Les bons objectifs, qui reviennent à si haut prix, passé le diamètre de 4 pouces, courent, il est vrai, le risque de se briser ; mais un peu de précaution prévient leur ruine ; tandis qu'avec tous les soins possibles les anciens miroirs métalliques perdaient promptement ce poli si fin, qui est, tout aussi bien que la perfection de leur courbure, la source de leur puissance.

Toutes les recettes indiquées par Smith (vers 1730) pour fondre, façonner et polir les miroirs de télescopes, paraissent compliquées et d'une pratique lente et difficile. Vous les décrire, même en abrégé, ce serait perdre notre temps. Si nos opticiens se remettaient à fabriquer des télescopes réflecteurs, assurément ils auraient recours à d'autres moyens ; car la mécanique et l'art de fondre les métaux ont fait, depuis l'époque' où Smith écrivait, assez de progrès pour rendre inutiles tous ses vieux procédés. C'est, sans aucun doute, à d'autres, plus sûrs et plus rapides, que W. Herschel et lord Ross ont dû la perfection de leurs immenses miroirs.

John Herschel fils possède aujourd'hui tous les secrets de son père, mais il n'a pas, je suppose, l'intention de les révéler au monde savant, à qui la France a généreusement livré le secret si fécond de Niépce de Saint-Victor et de Daguerre. Il s'agit pour nous de deviner ces mystérieux procédés ; c'est ce qui aura lieu quand l'apparition d'un nouveau métal, propice à cette industrie, engagera nos opticiens à reprendre la fabrication des télescopes réflecteurs. Il suffit, chez nous, de vouloir avec énergie pour réussir.

Il se trouvait, au dernier siècle, à Paris et en d'autres villes de France, des opticiens capables de produire de bons télescopes de Gregori ; je regrette de ne pouvoir citer ici leurs noms ; ils doivent être signalés, du reste, dans les anciens recueils scientifiques et dans les vieux almanachs d'adresses.

J'ai l'intime croyance que l'avenir de l'astronomie repose sur les télescopes *front-view*. Probablement, si nos chimistes tournaient leurs efforts vers cette question, ils tarderaient peu à trouver un métal convenable, soit pur, soit à l'état d'alliage. D'autre part, nos mécaniciens ne s'effrayeraient pas de l'idée de produire de parfaits miroirs de 2 mètres d'ouverture et de 20 de foyer. Ils imagineraient, je l'espère, des moyens assez efficaces pour leur donner une courbure précise et un parfait poli.

Quant à la difficulté de monter et de manœuvrer l'instrument, je ne m'en inquiète guère : vu la puissance de nos machines, ce serait un jeu.

Resterait à obvier au retard thermométrique de pareilles masses de métal sur les variations de l'atmosphère. Je crois encore qu'on réussirait aisément à les échauffer ou à les refroidir selon les circonstances, de manière à les mettre en équilibre avec la température de l'air ambiant. D'ailleurs, serait-il impossible de façonner des miroirs moins massifs, ayant pour appui un fond non métallique, assez solide pourtant pour résister à la pression que nécessite le polissage ?

Pour égaler en puissance un miroir large de 2 mètres, il faudrait qu'une lunette à objectif achromatique eût près de 1 mètre d'ouverture. Je pense que sa monture offrirait plus d'obstacles que celle du miroir, par cela seul que cette énorme masse vitreuse devrait peser à l'extrémité d'un grand levier (le tube), tandis que le miroir s'ajuste à la base. Ensuite, un si vaste objectif aurait une épaisseur cristalline qui affaiblirait très-sensiblement l'éclat des rayons réfractés : la surface du miroir ne présente pas le même inconvénient.

En définitive, chacune de ces deux sources d'images télescopiques implique à peu près la même somme de difficultés à vaincre. Les grands miroirs n'exigent aucun des soins que réclame l'achromatisme ; mais la précision de leur courbure est un point qu'il n'est pas aisé d'obtenir, s'il est vrai, comme l'assure M. Person, que les imperfections des surfaces soient « cinq ou six fois plus considérables pour la réflexion que pour la réfraction. »

Reste à résoudre, pour les deux instruments, la question de l'oculaire. Pour porter au maximum sa puissance, il faudrait employer des lentilles plus petites que l'ouverture de la prunelle ; de là impossibilité d'avoir un champ convenable (page 125). Peut-être, par cette raison, le télescope de lord Ross est-il la dernière limite de l'amplification permise à la vision humaine.

Encore un mot sur les anciens télescopes à mi-

roirs. Le champ, en général, en était fort étroit,
vu qu'on était, à leur égard, très-exigeant, et
qu'on poussait loin l'amplification par l'oculaire.
C'est à ces instruments surtout qu'il était nécessaire d'adapter une petite lunette dite *chercheur*
(page 133). On les montait d'ordinaire sur des
pieds de diverses formes, dont on voit, au Conservatoire des arts, des modèles grands et petits,
assez analogues, au reste, à ceux destinés à mouvoir les lunettes à réfraction. Les meilleurs télescopes réflecteurs, jusqu'à la dimension de 4 à 5
pouces d'ouverture, étaient portés sur des pieds
de cuivre à trois branches, munis, au sommet,
d'une charnière ingénieusement combinée, de manière à obtenir à volonté des mouvements prompts
ou lents, dans les deux sens. Quelquefois on y
ajoutait divers cercles gradués et d'autres accessoires de précision fort dispendieux, dont je ne
parlerai pas ici, vu que, pour en bien comprendre
l'usage, il faudrait avoir étudié les principes de
l'astronomie.

Je terminerai par un conseil aux amateurs qui
possèdent d'anciens télescopes réflecteurs. Pour
nettoyer (je ne dis pas *repolir*) les miroirs, on les
plonge pendant quelques heures dans un bain
d'alcool, et on les essuie avec du coton bien cardé.
La benzine m'a semblé fort bonne pour enlever
sur-le-champ les reflets graisseux qui ternissent

19

l'éclat d'un miroir. Quant aux raies, piqûres ou taches qui ont attaqué la superficie du métal, je ne connais ni remèdes ni palliatifs ; il faut que le miroir serve tel quel, ou qu'on le fasse repolir ; car tout agent chimique qui enlèverait ces taches, identifiées au métal, laisserait à leur place des points dépolis.

TREIZIÈME CAUSERIE.

—

Cause du chromatisme des lentilles. — Je vous ai suffisamment expliqué ce qu'on entend par une lentille *achromatique* (c'est-à-dire exempte de couleurs) ; je vais aujourd'hui entrer dans quelques détails sur la naissance et les progrès de l'achromatisme, cette invention de premier ordre, qui a rendu à l'astronomie tant d'importants services.

On le savait, dès le temps de Galilée : les rayons lumineux ne se réunissent qu'*à peu près* au foyer réel d'une lentille objective. Ceux qui rasent son circuit, se réfractant plus que ceux qui traversent sa portion centrale, se croisent à une distance plus courte. Il en résulte d'abord une aberration de sphéricité, qui rend l'image confuse, surtout vers les bords ; mais un autre effet qui la trouble bien davantage, et sur toute sa surface, c'est, je

le répète, la propriété qu'ont les rayons, après
avoir traversé une lentille (qui n'est qu'une série
de petits prismes disposés en cercle), de se subdi-
viser en sept autres rayons, diversement colorés,
comme les bandes curvilignes de l'arc-en-ciel.
Le rayon violet éprouve la plus forte déviation ;
le rayon rouge, la moindre. Les rayons inter-
médiaires dévient en proportion.

Ajoutons que les loupes-oculaires, par leur
puissance amplificative, augmentent beaucoup
l'effet de ces aberrations.

Une lentille objective a donc en réalité *sept
foyers* distincts, un pour chaque couleur, puisque
chacun des rayons colorés se projette plus ou moins
loin, selon sa nature, sur l'axe de la lentille. Or,
l'achromatisme a pour but et pour effet de déco-
lorer ces rayons en les recomposant, et de les ramener tous à un point unique, en même temps
qu'à l'état de lumière blanche ; car le blanc, chose
merveilleuse, et pourtant bien prouvée ! est la
réunion intime des sept couleurs, fondues en une
seule.

A la rigueur, il faudrait achromatiser chaque
rayon, puisque sa déviation a une limite spéciale,
et employer autant de verres, plus ou moins dis-
persifs, qu'il existe de couleurs. Mais on a trouvé
qu'un seul disque de cristal, d'une composition,
d'une densité, d'une forme et d'une épaisseur con-

venables, suffit à un achromatisme, aussi parfait au moins que celui de l'œil, et permet aux images objectives d'être bien distinctes, même observées avec de forts grossissements.

Le flint-glass, nous le savons déjà, est un verre qui contient une certaine quantité de plomb à l'état cristallisé ; son nom anglais n'indique pas cette composition, car le mot *flint* veut simplement dire *silex, caillou*. Cette addition d'un sel de plomb à sa substance lui communique une *densité* d'où résulte sa propriété d'amener tous les rayons à un état de convergence uniforme, dont l'effet prisma-tique de la lentille les avait détournés. Je vous ennuierais fort et sans succès, si je tentais de vous expliquer scientifiquement la cause intime de cet effet, et les règles d'algèbre et de géométrie qui en dévoilent le mystère. Le plus sage à nous, c'est ici de croire la science sur parole et de nous borner à savoir que le flint est le correctif des écarts du crown, son associé.

Invention de l'achromatisme. — Nous devons rap-peler les noms des savants à qui l'optique doit cet immense progrès. Voici comment Lacaille s'ex-prime, à ce sujet, dans son *Traité d'optique* (édit. classiq. de 1802): « On a cru long-tems qu'il étoit « impossible de corriger l'aberration de réfrangi- « bilité. Euler (célèbre mathématicien suisse) a

19.

« proposé (*Mém. de Berlin*, t. *III*), d'employer
« des lentilles composées de substances différem-
« ment réfringentes ; il étoit persuadé que les yeux
« sont *acromatiques*, c'est à dire, qu'ils réunissent
« en un point toutes les especes de rayons colorés,
« et pensoit qu'en imitant la nature, on pourroit
« parvenir au même résultat ; il chercha, par le
« calcul, les rayons de courbures des surfaces qui
« doivent séparer des substances de réfrangibilités
« données, pour former une lentille *acromatique ;*
« mais... les résultats auxquels il arriva ne furent
« d'aucune utilité. Dollond, opticien anglais, vou-
« lut employer les réfrangibilités résultantes des
« expériences de Newton, et trouva, en se servant
« du calcul d'Euler, que le moyen proposé par ce
« géomètre, ne pouvoit réussir. *Klengerstierna* (ou
« plutôt *Klingerstierna*, professeur à Upsal en
« Suède) s'éleva contre les résultats de Newton, et
« conduisit Dollond à en douter : dès lors, celui-ci
« répéta l'expérience de Newton et trouva que
« Newton s'étoit trompé... Dollond mesura les dis-
« persions de plusieurs substances (solides et li-
« quides) ; il trouva que celles des verres que l'on
« appelle aujourd'hui flintglass et crownglass
« étoient dans le rapport de trois à deux ; il em-
« ploya ces deux verres à former une lentille qu'il
« parvint à rendre acromatique. »

Ce fut en 1757 que Dollond produisit son premier objectif achromatique, sorte d'imitation de l'œil humain. Dix ans plus tard, Dollond fils, aussi habile praticien que son père, offrait à la Société royale de Londres une lunette astronomique de 3 pieds et demi de foyer, donnant une amplification de cent cinquante diamètres, c'est-à-dire produisant l'effet d'une ancienne lunette à objectif simple de 55 pieds de longueur.

Les objectifs des Dollond et d'autres bons opticiens de Londres se composèrent longtemps de deux lentilles biconvexes, en crown d'une teinte verdâtre, réunies par un flint. Celle qui regardait les objets avait, à l'inverse du cristallin de l'œil, une convexité plus forte que celle tournée vers l'oculaire. Plus tard, on reconnut qu'un seul crown suffisait parfaitement, pourvu qu'il s'appliquât avec une grande précision sur la face concave d'un flint, dont l'autre face (celle qui regardait l'intérieur de la lunette), était plane, ou du moins très-peu courbe.

C'est encore, de nos jours, le système en vigueur. Seulement notre crown est aujourd'hui à peu près aussi blanc que le flint lui-même. Le crown verdâtre était également bon : néanmoins cette teinte contribuait à rendre l'image un peu plus obscure ; sa disparition est donc un progrès.

Quand apparaît une belle et féconde invention, il ne manque jamais de prétendants à la priorité :

c'est ce qui arriva au sujet de l'achromatisme. Il y eut procès ; on mit en avant le nom d'un propriétaire de campagne, nommé Hall, qui avait, disait-on, construit, dès 1733, plusieurs lunettes achromatiques. Mais le brevet accordé à Dollond lui fut maintenu, « parce que Hall, est-il déclaré dans un jugement que cite M. Arago, n'avait rien publié à ce sujet », et avait fait un mystère de ses procédés. J'ignore quelles preuves on fournit de la priorité de Hall, mais il paraît qu'elles étaient positives, puisque le jugement le reconnaît. Au reste, Dollond devait évidemment son invention à ses seules recherches.

Il est à noter que la plupart des grandes découvertes ont été devinées isolément, et presque vers le même temps, par plusieurs personnes ; mais celui qui, le premier, lui donne un corps et met, à temps, le public dans sa confidence, est sûr de voir son nom prédominer. Avis à ceux qui ne révèlent leurs secrets qu'à la dernière extrémité ! Le public oublie les avares, en fait de trésors scientifiques, et leur inflige pour châtiment l'honneur qu'il accorde à leurs rivaux.

Célèbres fabricants de flint et de lunettes achromatiques. — Pendant plus d'un demi-siècle, ce fut en Angleterre exclusivement, qu'on sut fabriquer de bons objectifs achromatiques. Tous les astronomes de l'Europe étaient tributaires des Anglais, qui étaient parvenus enfin à arracher à l'Italie sa vieille réputation pour la confection des meilleurs instruments de physique et d'astronomie.

Pour échapper au monopole britannique, on se rejeta sur les télescopes à miroirs ; mais, sur ce point encore, les Anglais étaient nos maîtres ; les meilleurs se fabriquaient à Londres et à Edimbourg. Les observatoires de l'Europe, las de l'emploi des longues lunettes, tiraient, à grands frais, de ces deux villes, leurs plus parfaits instruments.

Enfin, vers le commencement de notre siècle, ou un peu avant, le secret du flint-glass traversa la Manche, ou plutôt, il fut dévoilé par la science à nos chimistes, devenus plus habiles dans l'analyse. On découvrit que la vertu dispersive de ce cristal tant envié tenait à un peu de plomb mêlé à la fonte, et l'on fit du flint-glass.

La réputation anglaise, pour les bons télescopes réfracteurs surtout, a longtemps survécu à la révélation de ses procédés. Aujourd'hui encore, nos brocanteurs, pour faire valoir une détestable longue-vue, la déclarent d'origine anglaise, et quelques petits opticiens croient s'assurer le débit de mauvaises lorgnettes de pacotille, en gravant sur le tube le mot jadis magique de *London*, précédé quelquefois du nom de *Dollond* ou de *Ramsden*, noms célèbres à juste titre, mais égalés, sinon surpassés chez nous, par ceux de *Lerebours, Cauchoix, Bu-ron*, etc., et par celui de *Fraunhofer*, à Munich.

Mon patriotisme scientifique a souffert, en lisant ces lignes de l'ASTRONOMIE POPULAIRE d'Arago : « Quelques indices font supposer que nos voisins « (les Anglais) sauront se ressaisir bientôt de leur « supériorité primitive. » J'ose espérer que, pour la première fois de sa vie, notre illustre astronome se sera trompé en prédisant l'éclipse... de notre gloire industrielle, en fait d'optique.

Les chimistes du continent ayant donc, avant la fin du siècle dernier, grâce à une sûre méthode d'analyse, reconnu les principes constituants du flint-glass de Dollond, engagèrent les fondeurs de cristaux à essayer d'en produire. Je ne saurais citer, et j'en suis affligé, le nom de celui qui, le premier, a saisi ce secret important : c'est, *peut-être*, le chimiste allemand Zeiher, membre de l'a-cadémie de Saint-Pétersbourg. J'ai lu qu'il fit, sous la direction d'Euler, de nombreuses recherches sur la composition du verre, et, qu'ayant mêlé du minium (oxyde de plomb) en diverses propor-tions avec le silex, il finit par obtenir un cristal remplissant assez bien le rôle du flint-glass de Dollond.

Un des plus célèbres fabricants de flint, ce fut Guinand, simple fondeur de verre en Suisse, vers le commencement du siècle. Il parvint à en pro-

duire des masses assez considérables et assez pures
pour qu'on pût en tirer des disques de 8 à 10 pouces
de diamètre. Sous l'Empire, Dartigues en fabriqua
d'une limpidité parfaite, mais pas assez dense pour
donner de bons résultats. On cite aussi, vers cette
époque, les fontes de Dufougerais. Mais le cristal
le plus recherché, à l'égal du flint anglais, par les
opticiens de l'Europe, fut celui de Guinand, qui
s'était associé à Fraunhofer et Mertz de Munich.
Son flint, plus dispersif encore que le flint anglais,
permit de fabriquer des lunettes de plus courts
foyers, à puissance égale, que celles de Dollond et
de son beau-frère Ramsden.

Guinand n'existe plus, mais son fils et son petit-
fils continuent à perfectionner, je ne sais en
quelle ville, les procédés de leur père. Je signalerai aussi le nom du physicien Faraday, comme
se rattachant aux progrès du verre d'optique.
Celui de Bontemps, naguère encore établi à Choisy-
le-Roi, est également très-connu.

Aujourd'hui, il existe, je crois, plus d'un fon-
deur-verrier qui, en vue surtout des objectifs photo-
graphiques, fait tous ses efforts pour produire à
l'état pur et en grosses masses une matière si précieuse et d'un rapport certain. On m'a cité Clément
à Grenelle, Foirest à Menilmontant, etc. Du reste,
notre *Exposition universelle* nous révélera de nouveaux noms. Les journaux ont parlé, à propos de

la dernière exposition de New-York, du flint de
M. Maës, auquel on a reconnu une extrême limpidité.

Je vous ai donné (page 69) quelque idée de la
difficulté d'obtenir de bon verre pour la fabrication des grands objectifs, je n'ai plus à revenir sur
ce sujet : j'en ai dit tout ce que j'en ai moi-même
appris.

Un objectif achromatique de 7 pouces et demi
d'ouverture passait chez nous pour une merveille
en 1819; c'est M. Lerebours père, qui l'avait
exposé cette année. Comme les vrais artistes en
tout genre ne songent qu'à de nouveaux progrès,
le même opticien, à l'exposition suivante, 1823, en
présenta un de 9 pouces; enfin, en 1827, un de
12 pouces (près de 33 centimètres). A l'exposition
de 1839, on vit reparaître ce même objectif, réduit
cette fois à 28 centimètres; ce sacrifice avait ajouté
beaucoup à sa perfection.

Vers les mêmes époques, un digne concurrent de
M. Lerebours présentait aussi des échantillons de
grands objectifs, de dimensions analogues. Je veux
parler de M. Cauchoix, dont le nom s'est propagé
dans toute l'Europe, à côté de ceux de Lerebours
et de Fraunhofer. Ces trois habiles opticiens n'existent plus : aujourd'hui, l'optique française, sous
le rapport spécial des grandes lunettes, est repré-
sentée surtout par la maison Lerebours fils et Secre-

tan[1]. De leurs ateliers est sorti le grand objectif de 14 pouces d'ouverture, qui constitue le plus puissant télescope dioptrique de notre Observatoire. Il y a ainsi une lutte établie entre les observatoires de Russie, de France et des États-Unis, qui possèdent tous trois des lunettes de cette même dimension. Laquelle devra être jugée la meilleure? Ce n'est certes pas moi, humble amateur des merveilles de l'optique, qui pourrais décider la question; mais j'ai l'espoir de voir bientôt apparaître un objectif qui dépassera cette limite de 14 pouces de diamètre sans rien perdre en perfection, car alors ce ne serait pas du progrès. Je connais un opticien-astronome, M. Charles Dien, qui en prépare un de 20 pouces. Je serais presque aussi fier que lui-même, d'apprendre qu'il a complétement réussi.

En définitive, le plus immense, le plus puissant instrument destiné à sonder les profondeurs de l'espace, c'est, à cette heure, je le répète, le colos-

---

[1] M. Secretan est maintenant seul successeur de la maison Lerebours. Je regrette de ne pouvoir citer ici tous les noms d'opticiens habiles à Paris dans la construction des grandes lunettes. La lettre B seule nous fournit les quatre suivants, que je désigne par ordre alphabétique : Bardou, Baudry, Brunner et Buron. Je laisse au jury de notre grande exposition le soin de nous révéler avec honneur les noms français ou étrangers, célèbres dans cette noble industrie, comme aussi ceux des fabricants spéciaux d'objectifs, tels que Courvoisier, Évrard, Maugey, etc., à Paris.

sal télescope-réflecteur de lord Ross. Pour qu'une
lunette à réfraction possédât la même force amplificative, il lui faudrait une ouverture d'environ
1 mètre. Nous sommes encore loin de cette dimension, et l'avantage, sans aucun doute, restera
longtemps aux miroirs; il est même probable,
comme je l'ai dit hier, que le système réflecteur
l'emportera sur l'autre.

QUATORZIÈME CAUSERIE.

Divers genres de lunettes, à prismes, à lentilles fluides, dialytiques, etc. — Lorgnettes à oculaires gradués. — Lorgnettes en cristal massif. — Télescopes binoculaires. — Lorgnettes jumelles.

Cette dernière leçon ne fut qu'une sorte de complément à tout ce que j'avais appris à mes deux élèves, sur les instruments destinés à rapprocher les objets lointains. Il s'agissait, dans cet entretien, de mentionner tous ceux qui, par leur construction particulière, sortent des formes usitées.

Ma tante, à cette annonce, me dit tout d'abord :
— Est-ce que, par hasard, il y aurait moyen de produire des effets semblables à ceux des télescopes, sans avoir recours au jeu éternel des oculaires, des objectifs et des miroirs ? — On a cherché, en effet, répondis-je, à s'en passer, mais on n'y a guère réussi. Je vous confierai d'abord, à votre grande surprise, que j'ai conçu moi-même le projet assez bizarre d'obtenir une lunette sans objectif. Vous savez (page 46) que, si l'on fait passer par un très-petit trou, percé dans le volet d'une

chambre obscure, les rayons émanés d'un objet
lointain bien éclairé, il se forme une image renversée de cet objet. Partant de ce fait, je recueillis
une image de ce genre au fond d'un tube, et la fis
tomber sur un verre dépoli ; puis quand les détails
me parurent avoir acquis le plus de netteté possible, je substituai au verre dépoli une loupe assez
faible, comptant grossir l'image sans la retourner.
Elle était amplifiée, en effet, mais si obscure, si
confuse, qu'on voyait encore mieux l'objet réel à
l'œil nu. Je renonçai donc aussitôt à l'idée d'offrir
à l'Académie des sciences la première lunette astronomique sans objectif.

Lunettes à prismes. — Il est un instrument qui
produit, sans objectif ordinaire, un grossissement
assez notable. M. Person le décrit ainsi dans son
Traité de physique (*optique*, art. 1703) : « Le
« docteur Blair et M. Amici ont fait des lunettes
« achromatiques sans lentilles, et seulement avec
« des prismes du même verre. Pour concevoir le
« principe de cet instrument, il faut observer
« qu'en regardant un objet à travers un prisme,
« dans une certaine position, on peut obtenir une
« image très-allongée ; il est vrai qu'elle est colo-
« rée, mais avec un second prisme tourné en sens
« inverse, il est facile de l'achromatiser, tout en
« lui conservant encore de l'allongement. Mainte-

« nant avec deux autres prismes tout pareils,
« dont les arêtes sont perpendiculaires à celles
« des premiers, on peut élargir l'image autant
« qu'elle a été allongée, et obtenir en définitive une
« amplification régulière en tout sens. Avec quatre
« prismes seulement cette amplification peut aller
« à trois ou quatre fois. »

Cet instrument, que je n'ai jamais vu en nature,
ne peut être établi qu'à titre de curiosité. Encore
cette combinaison de prismes n'offre-t-elle au fond
qu'une sorte d'objectif achromatique, différant, par
la forme seule, de celui que nous connaissons,
lequel n'est lui-même qu'un prisme circulaire. Je
suppose que l'image amplifiée est droite, et que
l'instrument ne réclame aucun oculaire; j'ajouterai que les rayons, ayant à traverser une grande
épaisseur de verre, doivent perdre une partie
notable de leur intensité lumineuse.

Il existe une lunette (celle-là est utile) où les
prismes jouent aussi un rôle, mais bien différent.
L'idée en appartient à M. Porro, ingénieur pié-
montais, habile constructeur, à Paris, d'instruments de géodésie et de marine. Il l'a nommée
longue-vue cornet ou *télémètre.* Elle est remarquable par sa forme bizarre, d'une coupe triangulaire, et par cette circonstance, qu'avec une longueur de 10 centimètres seulement, elle produit
l'effet d'une lunette à tirages de 3 décimètres.

20.

Avant de donner une idée de sa construction, je dirai que le savant opticien Amici, au moyen d'un prisme faisant fonction de miroir, a établi des microscopes très-commodes, en forme d'équerre, où l'on peut observer, dans le sens horizontal, les objets fixés sous les lentilles objectives du microscope, dans la condition ordinaire. Le prisme, placé dans le coude de l'équerre, possède, grâce à sa forme triangulaire, la propriété de réfléchir en totalité les rayons qui viennent frapper ses faces obliques. Ces faces, sans être étamées, font l'office de miroir, avec cet avantage qu'il y a fort peu de lumière de perdue.

M. Porro, inspiré peut-être par cette application du prisme, imagina d'en utiliser la vertu réfléchissante pour construire une longue-vue très-courte, en pliant trois fois la ligne des rayons, porteurs d'une image aérienne, engendrée par un objectif ordinaire.

Ces rayons, après la réfraction, tendent à former l'image, à une distance de 20 à 25 centimètres. Mais, arrivés au tiers de leur course, ils rencontrent l'une des faces obliques d'un prisme ajusté à l'intérieur du tube, à l'opposite de l'objectif. De là ils sont renvoyés à l'autre face, puis retournent vers un second prisme placé au-dessus de l'objectif (toujours à l'intérieur du tube). Après s'être encore repliés sur ces deux faces obliques, ils vont tomber enfin, redressés par ces diverses réflexions, sur un petit oculaire astronomique à deux lentilles, qui ne redresse pas l'image, car ce serait la *renverser*, puisqu'elle arrive *droite* à l'œil.

La place occupée par les prismes donne au corps de la lunette la forme d'une sorte de boîte à poudre ; cette forme, au reste, rend l'instrument plus aisé à tenir à la main. Voici les avantages de ce système : un chef de cavalerie (il a été établi dans ce but) s'en sert d'une seule main, sans avoir aucun tirage à développer. Un simple mouvement du pouce sur un petit levier, fait avancer ou rentrer le tube oculaire. Entre les deux lentilles de l'oculaire est placé un réticule composé de plusieurs fils tendus en deux sens. Leur espacement, quand on s'en est expliqué l'usage, indique approximativement la distance respective de chaque détail de l'image. Ce genre de réticule est au reste bien connu et s'adapte à toute autre longue-vue, mais ici son emploi est plus commode.

On comprend l'utilité d'une véritable longue-vue très-courte, entre les mains d'un cavalier, à qui le mouvement de sa monture tend à faire perdre à chaque instant le point visé. Plus un tel instrument sera court, moins on aura chance de perdre de vue les objets observés.

La longue-vue-cornet est loin de revenir à un prix modéré (relativement à sa puissance), à cause de la difficulté de travailler et d'ajuster les prismes avec précision. En réalité, elle produit l'effet d'une petite longue-vue ordinaire, et encore, à égal degré d'amplification, celle de M. Porro est-elle un peu moins lumineuse, parce que les rayons ont à traverser une notable épaisseur de cristal. J'ajouterai que le moindre accident peut déranger les prismes.

M. Porro a construit dans ce système de plus fortes lunettes, destinées à la marine et aux observations astronomiques qui exigent une médiocre amplification. Les plus grandes ont un objectif de 6 centimètres et un foyer d'environ 90 ; l'instrument ne dépasse guère 30 centimètres en longueur. Il est regrettable que ce système, en raison de la déperdition considérable de lumière, occasionnée par des prismes épais, ne soit pas applicable au raccourcissement des plus puissantes lunettes.

Le *Moniteur universel* du 25 février 1855 nous apprend que, le 22, M. Porro a présenté à S. M. l'Empereur une nouvelle longue-vue militaire de *quatre centimètres* de longueur, sans tirages, qui a le champ, le grossissement et la clarté d'une longue-vue ordinaire de 3 ou 4 décimètres. Sa Majesté a permis à l'inventeur de lui donner le nom de *longue-vue Napoléon III.*

Cette lunette si courte est une nouvelle modification de la précédente. On la tient à la main par une sorte de manche plat, dans l'intérieur duquel se replie, au moyen de prismes, la ligne des faisceaux de rayons, admis par l'objectif.

Lentilles dites fluides.—Dès l'époque où s'agita la question de l'achromatisme, quelques savants tentèrent de fabriquer des lentilles objectives, achromatisées au moyen de liquides, jouissant plus ou moins de la propriété de disperser les rayons. Mais ces essais ont rarement réussi, car la principale difficulté à vaincre, comme je l'ai déjà fait observer (page 71), c'est de donner aux vases de cristal, qui doivent contenir les liquides, la forme de lentilles creuses ou concaves, avec des faces d'une épaisseur identique. Il y a certes ici plus d'obstacles à surmonter que pour façonner des crown et des flint en verre plein.

Euler et Dollond ont fait des essais en ce genre, moins pour construire des objectifs, que pour étudier les moyens de parvenir à l'achromatisme. A la fin du dernier siècle, la difficulté de se procurer du bon flint pour de larges objectifs excita les savants opticiens à renouveler ces tentatives. J'ai déjà dit ailleurs que Cauchoix a fait de grands sacrifices pour arriver à ce but. Selon M. Person, Fresnel (l'inventeur des lentilles à échelons) et les docteurs Blair et Barlow étaient aussi parvenus à établir quelques lunettes de ce genre. J'ai vu plusieurs objectifs à fluides chez M. Baudry, le successeur de M. Cauchoix. Aujourd'hui que la fonte du flint est en pleine voie de progrès, de semblables entreprises seraient bien superflues.

On peut se servir avec avantage des lentilles à fluides, pour produire de grands effets de combustion, ou lancer au loin la lumière d'un phare ; car en ces deux cas, il n'est pas nécessaire de donner aux faces du verre contenant le liquide une courbure et un parallélisme parfaits. Je possède une estampe qui représente une énorme loupe à fluide, exécutée vers 1780, et montée dans le jardin de l'Infante, devant la façade méridionale du Louvre. Elle était formée de deux glaces coulées à Saint-Gobain, courbées et travaillées par M. de Bernière, aux frais de M. de Trudaine. Ces glaces accolées formaient une lentille creuse, de 4 pieds (150 cent.) de diamètre, qui contenait de l'alcool. Elle avait environ 17 centimètres d'épaisseur au centre, et un foyer de près de 5 mètres. Une plus petite lentille du même genre, placée plus loin, rassemblait de nouveau les rayons solaires et les concentrait sur un espace étroit. Un auteur contemporain assure qu'au foyer réuni des deux lentilles, on fondait en moins d'une minute, quand le soleil avait toute son ardeur, une cuiller d'argent.

Lunette dialytique. — Quelques opticiens ont exécuté des lunettes où le crown de l'objectif est

séparé du flint par un intervalle assez grand, sans
que l'achromatisme, assure-t-on, en soit dérangé.
Voici l'avantage qu'on avait en vue : le flint, placé
à une distance déterminée du crown, et possédant
une courbure convenable, pouvait avoir un diamètre moitié moindre. Il y avait économie de matière, mais on a renoncé à ce système depuis que
la fabrication du flint n'offre plus les mêmes difficultés. On nommait ces lunettes *dialytiques,* d'un
verbe grec qui signifie *isoler,* désunir.

Je crois qu'on a aussi fabriqué quelques objectifs où le flint, à l'imitation de l'œil, précédait au
lieu de suivre la lentille de crown.

Lunettes en cristal de roche. — J'ai déjà parlé du
cristal de roche employé comme lentille (page 102).
Cauchoix remplaçait quelquefois le crown de l'objectif et celui des lentilles oculaires par du cristal
de roche. « Pour une même courbure, dit M. Per-
« son, la lunette est à peu près réduite d'un tiers ;
« l'image, à la vérité, est aussi d'un tiers plus
« petite, mais on l'amplifie par l'oculaire, car le
« grossissement définitif peut être porté au même
« point, puisqu'il dépend surtout de l'ouverture qui
« reste la même. » Ces lunettes ont l'avantage
d'être commodes à manier et d'avoir un objectif
difficile à rayer ; mais aujourd'hui qu'on a d'excellent crown, on en fabrique fort peu, uniquement

pour la marine. On y a renoncé, sans doute parce
que, vu la double difficulté de trouver de grands
disques de cristal de roche bien pur, et de les façonner de manière à éviter l'effet de la double
réfringence, leur prix surpassait de beaucoup celui d'instruments plus puissants dans leurs effets.

Lunettes à voir de côté. — Lunettes marines. —

Je vous signalerai maintenant, pour ne rien omet-
tre, des lorgnettes et des longues-vues, au reste,
fort ordinaires, auxquelles on ajoutait un petit
miroir, dont vous allez comprendre le but.

Sur le côté extérieur du gros tube d'une lorgnette, prolongé au delà de l'objectif, on pratiquait
une ouverture, par laquelle l'image des objets
placés vis-à-vis de ce trou venait se refléter sur un
petit miroir penché obliquement au-dessus de l'objectif; sur le côté opposé du tube était une ouverture correspondante, mais fictive et ne servant qu'à
l'effet. L'orifice du tube prolongé portait, à la
place où d'ordinaire se visse l'objectif, un simple
disque de verre, ressortant sur un fond obscur, et
n'ayant que l'apparence d'un objectif réel.

— A quoi bon, dit ma tante, tout cet attirail de
trous et de miroir? — Cette lorgnette d'Opéra,
imaginée sous Louis XV, servait à contempler,
indirectement, les belles marquises installées dans
les loges, sans que personne pût s'en fâcher. Au

moyen de ces deux ouvertures latérales, dont une seule véritable, et du faux objectif, nul ne devinait au juste le but de l'observateur.

J'ai cité cette sorte d'instrument *magique*, parce qu'il est en harmonie avec les idées et les mœurs du temps. Avant 1830, on vendait encore de ces lorgnettes, nommées en 1749 *lunettes de jalousie*.

L'appendice d'un miroir oblique, appliqué à une longue-vue, offrait un avantage plus sérieux : en faisant passer l'extrémité de la lunette au delà d'un mur épais, un général pouvait observer les dispositions de l'ennemi. Il ne risquait pas ainsi d'être emporté par un boulet, mais tout au plus de voir sa lunette brisée. Au reste, je n'ai jamais lu dans l'histoire qu'on eût fait usage de cet instrument, signalé au XVIIᵉ siècle par Hevelius, qui le nomme *polémoscope* (lunette de guerre). Smith a eu tort de l'appeler lunette de *réflection :* ce nom ne convient qu'au télescope qui a un miroir pour objectif; ici le miroir est un simple appendice qui n'ajoute rien à l'effet optique, et ne fait que l'affaiblir.

— Ah çà! interrompit ma tante, vous ne nous avez dit encore que quelques mots, en passant, des lunettes marines. Diffèrent-elles de celles employées sur terre ou en astronomie?

— En rien absolument, sinon qu'on cherche à leur donner le plus de champ, de clarté et de raccourcissement possible, ce qui s'obtient, je le répète, au moyen de larges oculaires qui grossissent modérément (page 79).

Comme on est dans la nécessité de s'en servir assez souvent, la nuit, pour reconnaître un port, conditions sont les plus favorables à ce genre d'obces servations. Quelquefois même, on emploie, dans ce cas, des oculaires qui ne redressent pas les objets. L'instrument en acquiert un surcroît de clarté et devient plus court. · C'est aussi dans le but de le raccourcir le plus possible, qu'on substitue le cristal de roche au flint, dans la construction de ses lentilles (page 239). Plus il sera court, à puissance égale, plus il se maniera commodément au milieu de mille cordages, et moins on aura de chances de perdre de vue les objets visés pendant le roulis.

Il est à regretter que la lunette marine, appelée à rendre à la navigation tant de services continuels, ne puisse être employée dans les plus grandes proportions, à cause du gréement compliqué des navires, de l'air brumeux de la mer et du mouvement des vagues. Ce serait pourtant bien là, au milieu de l'immense Océan, la véritable place de cet œil de géant, qu'on nomme un *puissant* télescope !

— Est-ce qu'au moyen d'une lunette marine, dit à son tour Pauline, on distingue plus nettement, la nuit, les objets qu'à l'œil nu ?

— Non, je l'ai déjà dit (page 112) : un objet lumineux quelconque ne paraît jamais, à travers n'importe quelles lentilles, plus clair qu'à la simple vue. On peut voir cet objet plus petit ou plus amplifié que nature, mais non plus lumineux : c'est une vérité que démontre l'expérience.

Lorgnettes à oculaires gradués. — On a donné souvent des noms particuliers à des lorgnettes qui n'ont rien d'extraordinaire dans leur construction, uniquement pour les faire remarquer à l'aide d'une désignation nouvelle. Elles ont plus ou moins de champ, d'ouverture ou de longueur focale ; mais, petites ou grandes, elles agissent toujours au moyen d'un objectif et d'une lentille concave.

Dollond et Ramsden construisaient des petites lunettes, du système de Galilée, munies de plusieurs oculaires concaves, de divers degrés de courbure. Tous ces oculaires, sertis dans les cavités d'une même plaque de cuivre mobile, pouvaient se présenter tour à tour devant l'objectif. On choisissait tel ou tel numéro, suivant l'effet qu'on voulait obtenir. Le plus concave grossissait comme une petite longue-vue, mais avec fort peu de champ ; avec le moins concave, on obtenait une lorgnette beaucoup plus courte, qui embrassait plus d'objets à la fois. Le nombre des oculaires était de deux, de trois, de quatre, ou même davantage.

De nos jours encore, on en établit dans le même genre, avec quelques modifications. J'ai vu récemment un modèle où l'oculaire se compose de trois lentilles isolées, de concavités égales, qui peuvent, au moyen d'un simple mécanisme, s'employer séparément ou se superposer. Avec une seule, on a assez de champ pour le théâtre; si l'on en ajoute une seconde, le grossissement est doublé, mais le champ réduit de moitié, etc.

J'avoue que l'effet n'a pas répondu à mon attente, peut-être parce que les lentilles étaient mal centrées; l'image paraissait peu lumineuse, quand les trois oculaires étaient réunis; sans doute, parce que les surfaces vitreuses étaient trop multipliées. Je préfère, en conséquence, les lentilles de divers foyers, qui agissent isolément.

Lunettes en cristal massif. — Smith, en son second livre, cite, en passant, une lunette fort singulière : elle consiste en un cylindre de cristal plein et de forme conique. Le gros bout est convexe, le plus étroit, celui où l'on place l'œil, concave : c'est une lorgnette. Dans un autre modèle, le bout qui représente l'oculaire est convexe : c'est une petite lunette astronomique. Smith a pris soin de faire observer qu'un tel instrument doit être court, parce qu'autrement il absorberait trop de lumière. Il aurait dû ajouter qu'ayant une longueur fixe, il ne peut convenir qu'à une seule vue, qu'à une seule distance donnée des objets.

De nos jours, on a construit, d'après ce système, des microscopes à deux loupes, réunies par un espace plein : tel est le microscope dit *Stanhope*, court cylindre de cristal, inégalement convexe à chaque bout ; on met l'œil à l'extrémité qui l'est le moins. C'est comme une combinaison de deux lentilles, sauf que les deux font partie du même bloc. Les deux faces sont éloignées l'une de l'autre d'un intervalle en rapport avec l'effet qu'on veut obtenir. Les objets qu'on observe doivent être très-minces et transparents, car il est nécessaire, pour qu'ils soient au foyer, qu'ils adhèrent à la surface la plus convexe. C'est un joujou d'optique plutôt qu'un instrument.

Je citerai une autre double-loupe à peu près semblable, sauf que le foyer est plus long. La forme en est remarquable : le cylindre de cristal, évidé au milieu, offre l'apparence d'une fiole de sablier. Ce cylindre, étant partout noirci, excepté aux deux bouts, qui sont également convexes, l'étranglement forme un diaphragme, à la rencontre des foyers de ces deux lentilles, incorporées en une seule. Ce genre de perfectionnement ne pourrait nuire à la lorgnette massive de Smith : on l'éviderait à l'endroit où tombe le foyer de la face convexe la plus large, qui figure l'objectif.

21.

J'ajouterai que ces sortes de microscopes ne valent pas ceux résultant de la combinaison de deux lentilles isolées, et qu'on ne ferait, dans ce système, que de mauvais oculaires astronomiques.

J'aurais souhaité pouvoir consacrer ici quelques lignes aux simulacres de lorgnettes et de longues-vues que fabriquent, dit-on, les Chinois, ce peuple dont le goût inné pour l'imitation est si connu. J'ai lu qu'ils copient de leur mieux la forme de nos lentilles, et qu'ils en confectionnent de très-médiocres instruments ; mais je n'ai pu en trouver nulle part, à Paris, le moindre échantillon. On ne voit au Conservatoire, en fait de produits d'optique chinoise, que des verres assortis pour besicles.

Télescopes binoculaires. — Nous avons vu (page 149) que les trois premières lunettes de Lippershey étaient à double corps, ou binoculaires. Il est assez surprenant que l'invention du télescope ait, dès son début, été ainsi compliquée. Les lorgnettes-jumelles (à objectifs simples) remonteraient ainsi à l'année 1608. J'ignore si, depuis cette époque, ce genre de construction continua à être en usage, ou si on le négligea comme inutile ; ce que je sais, c'est que dans *la Dioptrique* du père Chérubin, 1671, et l'*Oculus artificialis* de Zahn, 1685, on décrit et l'on représente des lunettes doubles ou *binocles*, comme on disait alors.

Smith, qui écrivait son *Traité d'optique* avant
1738, a décrit le *télescope binocle* (trad. de Pezenas,
impr. à Avignon, 1767, in-4°, t. II). Il cite l'opticien Scarlet, qui, à cette époque, en fabriquait à
Londres (avec des objectifs non achromatiques).
On en construisait également en Italie. Le Conservatoire en possède plusieurs, qui sont ajustés dans
de longues boîtes plates à tirages. J'en ai essayé
une de ce système, qui avait environ 1 mètre de
foyer, et portait le nom de...., opticien à Milan,
avec la date 1745. Un mécanisme fort simple, en
forme d'X, permettait d'écarter ou de rapprocher
simultanément les deux tubes, afin que leur distance s'accordât avec l'écartement des prunelles
de l'observateur.

Dans un instrument de ce genre, bien établi,
l'image des objets apparaît, non pas plus amplifiée qu'à travers un seul tube, mais plus claire et
plus nette, parce que chaque œil reçoit une
image. Il est bien entendu qu'il s'agit ici de deux
yeux identiquement semblables.

Un savant, cité par Smith, M. Æpin, a conclu
de nombreuses expériences que le champ de la
vision est plus étendu pour un seul œil que pour
les deux ensemble. Cette assertion est, à mon avis,
inexacte : on embrasse avec un seul œil (sans l'intermédiaire d'aucun verre d'optique) un peu moins
d'objets qu'avec les deux ; mais on distingue avec

plus de netteté ceux qui s'éloignent du centre. Quand on regarde dans les deux tubes d'une lunette binoculaire, la vue a certainement un champ plus vaste que si l'on se sert d'un seul des corps de l'instrument, et tous les objets, au bord comme au centre, paraissent avoir à peu près la même netteté.

L'ouverture des tubes d'un télescope binoculaire a pour bornes l'écartement moyen des prunelles : il faut nécessairement que leurs centres correspondent à ceux des objectifs. Ces objectifs ne peuvent donc avoir plus de 6 centimètres de largeur. Or, dans cette limite, il n'est pas permis d'obtenir des lunettes puissantes. Si l'on allonge trop les foyers, ou si l'on emploie des oculaires très-amplifiants, on n'a plus assez de clarté, et l'image est confuse.

Il existe peut-être un moyen, mais fort dispendieux, d'agrandir la surface des objectifs : c'est de les choisir d'un plus grand diamètre et d'un foyer plus long, et de retrancher un segment de leurs disques. Les deux profils rectilignes de ces disques tronqués se regarderont quand les objectifs seront juxtaposés et ajustés à l'orifice de tubes d'une forme analogue. Avec cette disposition, la distance qui sépare les centres des objectifs ne dépassera pas celle que réclame l'écartement normal des prunelles. Mais l'excédant de leur surface contribuera-t-elle, en réalité, à augmenter le nombre des rayons admis, par conséquent la clarté de l'image ? C'est ce que j'ignore, n'en ayant pu faire l'expérience.

Ce qui me fait croire à la possibilité d'établir un semblable instrument, c'est que, lorsqu'on altère ou tronque la forme circulaire de l'objectif d'une longue-vue, l'image est obscurcie, mais reste entière et n'est nullement déformée, pourvu que la courbure de la surface à découvert soit identique sur tous les points (page 76).

J'ajouterai ici à ce que je vous ai dit à ce sujet, que ce résultat singulier ne s'obtient pas avec les lunettes à oculaires concaves, parce qu'il n'y a pas croisement des rayons.

Il est très-difficile de façonner deux corps de longue-vue identiquement semblables dans tous leurs accessoires et dans leur jeu. C'est sans doute pour cette raison, et vu aussi les autres inconvénients signalés ci-dessus, qu'on a depuis longtemps mis en oubli les télescopes à deux corps, munis d'oculaires formés de lentilles convexes ; mais nous vivons à une époque où notre industrie, toujours active, se plaît à évoquer, à reprendre les anciens procédés, pour les reproduire dans tout leur perfectionnement. Les longues-vues binoculaires devaient nécessairement ressusciter.

Un de nos habiles opticiens en construit de petites (d'environ 22 centimètres de foyer réel), qui

m'ont paru fort bonnes. Elles ont l'inconvénient
d'avoir leurs tubes à écartement fixe, et, leur disposition à tirages, commode pour le transport,
leur fait courir la chance de se décentrer très-ai-
sément. Ces longues-vues fonctionnent mal, si les
objets visés sont à une distance trop proche. Au
reste, le même artiste doit en établir de plus grandes, sans tirages, montées sur des pieds de cuivre,
et munies d'un mécanisme précis, pour écarter ou
rapprocher, selon chaque vue, les deux corps
juxtaposés.

Les longues-vues doubles, ai-je ouï dire, fati-
guent beaucoup les yeux, quand on les applique à
des observations prolongées. Leur prix élevé s'op-
posera toujours à leur grand débit, à moins qu'on
ne trouve moyen de le réduire de moitié ; celle
que je possède a coûté quatre à cinq fois plus cher
qu'une lunette simple, produisant un effet identique. Elles offrent néanmoins un avantage réel à
quelques personnes qui, faute d'habitude, sans
doute, ne peuvent faire usage d'un seul œil, sans
que leur vision se trouble. Beaucoup de femmes
du monde sont dans ce cas [1].

J'imagine qu'on a dû exécuter, au siècle der-

[1] Voici, je crois, le meilleur procédé pour bien distinguer les objets, dans une lunette, avec un seul œil : on les
tient tous deux ouverts, et l'on place, devant celui qui reste
en dehors, un abat-jour de forme semi-sphérique, pour

nier, des télescopes binoculaires à miroirs. Smith
en parle théoriquement comme d'instruments qui
seraient plus commodes que ceux composés d'objectifs (non achromatisés): mais il ne dit pas qu'on
eût, de son temps, mis cette idée en pratique.

Lorgnettes jumelles. — Le genre de télescopes
qui se prête le mieux au système binoculaire, c'est
sans contredit celui de Galilée, mais à la condition qu'on se contente de foyers courts. Je ne saurais indiquer au juste à quelle date remontent les
premières lorgnettes de théâtre, appelées aujourd'hui *jumelles*. Il est fort probable qu'au XVIIIᵉ
siècle et avant l'achromatisme, on en établissait
avec des objectifs simples ; mais je n'en ai jamais
vues de cette époque.

Je crois me souvenir que, sous Louis XVIII, on
ne vendait guère chez les opticiens que des lorgnettes à un seul corps. Les meilleures avaient
des objectifs achromatiques, et les tirages étaient
très-courts et multipliés, afin qu'elles fussent plus
portatives. J'en ai possédé successivement plusieurs à objectifs simples, qui ne faisaient pas
grand effet, bien qu'elles m'aidassent à distinguer

intercepter la lumière. Cet abat-jour pourrait se rattacher
au tube de l'oculaire, au moyen d'une tige plate qui serait maintenue par la vis de l'œilleton.

plus nettement qu'à l'œil nu les prouesses de Polichinelle, au théâtre Séraphin.

J'estime approximativement que ce fut un peu avant 1830 que les opticiens commencèrent à fabriquer en grand nombre, et pour toutes les bourses, les jumelles à objectifs simples, ou achromatiques, innovation renouvelée, sans aucun doute, du XVIIIᵉ siècle. Dans ce système, chaque cylindre isolé agit comme une simple lorgnette ; l'effet simultané des deux corps est donc identique sous le rapport de l'amplification ; mais, comme nous l'avons dit plus haut, chaque œil recevant une image, et les deux images se superposant par une cause toute naturelle, il en résulte plus de clarté et plus de champ.

L'unique raison de ce surcroît de clarté est peut-être celle-ci : quand on examine un objet avec un seul œil, cet œil, par une sorte de sympathie bien connue, tend plus ou moins à se fermer comme l'autre, surtout chez les personnes qui n'ont pas l'habitude. Il en résulte que la prunelle se resserre et admet moins de rayons. Le contraire se manifeste quand on fait usage des deux yeux.

On a, de nos jours, et surtout depuis quelques années, singulièrement perfectionné les verres des jumelles, et, en général, l'ajustement de tous les accessoires qui les composent. On a essayé de toutes les formes de montures ; la plus commode,

à mon avis, est celle où les deux corps de lorgnette sont réunis par une sorte de charnière, qui
permet, à l'aide d'un mouvement des plus simples,
de les écarter ou de les rapprocher, suivant la
distance des prunelles de chaque observateur.
Pour moi, je puis rarement distinguer, au premier abord, les objets, avec une jumelle à écart
fixe ; les images me paraissent doubles et ne se
superposent qu'après un temps assez long.

Les fabricants de jumelles en ont produit, pour
les besoins de la marine, d'un calibre aussi fort
que le permettent les lois de l'optique. Comme
pour les lorgnettes simples, il a fallu s'arrêter à
une longueur focale, passé laquelle, le champ se
rétrécit à l'excès. Puis on a perfectionné la matière qui constitue leurs verres. On a trouvé une
composition de *flint-glass* (à base de zinc , je
crois), dont la limpidité est admirable ; ensuite on
a multiplié les verres qui composent les objectifs
et les oculaires concaves, pour obtenir un surcroît
de champ et de netteté.

Dans les jumelles dites à douze verres, les objectifs sont à trois lentilles, comme ceux de Dollond : deux crowns d'inégale convexité, réunis par
un flint. Mais ce qui distingue ces lorgnettes de
celles qui les ont précédées, c'est la composition
des oculaires, formés eux-mêmes de trois lentilles
diversement combinées. Il en est qui consistent en

une lentille biconcave de flint, accompagnée de deux autres en crown dites *ménisques* (en forme de croissant), convexes sur une face et concaves sur l'autre face. Cette taille *périscopique* a sans doute pour but d'agrandir le champ.

MM. Wallet frères fabriquent des oculaires, destinés au même but, formés d'une lentille biconvexe en *flint*, placée entre deux autres biconcaves en crown. Quant à l'amplification, elle dépend toujours nécessairement de la longueur du foyer de l'objectif et du degré de concavité de l'oculaire.

Depuis deux ou trois ans, les efforts des opticiens des grandes capitales se concentrent sur les moyens de produire, avec ce système de douze verres, les jumelles les plus courtes, les plus mignonnes, les plus portatives possible. On a réussi à en offrir au public de très-petites, qui possèdent une clarté admirable et un champ étendu, parce que les foyers des objectifs sont très-courts. On les nomme, à Paris, *jumelles-duchesses* et *jumelles-marquises* (ce sont les plus courtes).

La puissance amplificative de ces lorgnettes de spectacle est, du reste, très-limitée ; elles ne font guère que doubler le diamètre des objets, et leur vive netteté seule fait croire à un grossissement supérieur. Mais cette faible amplification satisfait parfaitement aux conditions qu'exige le théâtre.

Je me bornerai à citer des jumelles dont les corps, d'écaille ou d'ivoire, ont une forme, non plus cylindrique, mais elliptique ou ovale. Cette forme, qui imite le contour ogival de l'œil, est originale et gracieuse, mais n'offre aucun avantage sur la forme vulgaire. Le prix de la façon en est presque doublé, vu la grande difficulté de l'exécution. Ce n'est pas au moyen du tour ordinaire qu'on peut en établir la monture, et l'*ovalisation* des objectifs, pour être régulière, réclame des procédés d'une grande précision. Aussi ces jumelles ne se vendent-elles que chez les opticiens de luxe.

Voilà, mes chères et bénévoles élèves! ajoutai-je avec dignité, pour fermer solennellement mon *cours*, — voilà mes notes sur les télescopes complétement épuisées ; je n'ai plus rien à vous apprendre. Si j'ai réussi à m'exprimer avec clarté, et si vous avez bonne mémoire, vous voilà toutes deux aussi doctes que moi : c'est assez dire qu'il n'y a pas excès. Si quelque jour un véritable savant s'avisait de publier un traité spécial sur ces intéressantes questions, je m'empresserais de vous en adresser un exemplaire. Vous n'auriez plus alors qu'à oublier ces leçons, développées tant bien que mal, par un professeur novice, sous les marronniers d'une des plus agréables terrasses qui se mirent dans les eaux de la Seine.

DES ASTRONOMES AMATEURS.

Difficultés, complications, assertions douteuses de l'astronomie. — Le livre de
M. Ch. Emmanuel. — Pourquoi il existe en France si peu d'astronomes
amateurs. — Comment l'astronomie pourrait se populariser.

—

L'astronomie n'est pas une de ces sciences dont
l'homme du monde puisse prendre, en quelques
jours, une teinture légère. Bien qu'elle offre d'a-
bondantes sources de poésie, son allure est, le plus
souvent, grave et compassée; elle traîne à sa suite
l'attirail, fatigant pour les intelligences superfi-
cielles, des hautes mathématiques. En vain elle a
cherché à se rendre débonnaire, à descendre jusqu'à la portée de la bourgeoisie : elle l'intéresse
par certains détails, par quelques résultats imprévus, grandioses, *pittoresques*, mais ne peut
l'instruire à fond et ne lui laisse que des impres-
sions passagères. C'est que, pour bien comprendre
l'ensemble du système de notre univers, il faut
être en mesure d'aborder les grandes questions de
physique et les profondes ressources du calcul.

22.

Or, les lecteurs qui tiennent, avant tout, à ce qu'un livre charme leur imagination, ne consentent guère à passer par ces défilés semés de ronces ; ils voudraient être transportés sur-le-champ, comme par magie, sur le plateau le plus élevé d'où l'astronomie contemple d'un coup d'œil tous les mystères poétiques du ciel. Ils aiment à voir, dans chaque étoile, un soleil reculé de quelques milliards de lieues dans l'immensité, mais n'ont pas la patience, le courage de s'engager dans la voie scientifique qui prouve ces prodigieuses distances. Ils ignoreront toujours les ingénieux procédés auxquels la science a recours pour mesurer l'intervalle qui sépare la terre du soleil, pour apprécier le poids, le volume et la densité des planètes, pour suivre leur route à travers l'espace où, comme nos navires, elles ne laissent aucune trace, route immense que parcourent incessamment, d'un pas irrégulier en apparence, mais en réalité uniforme, ces éternels voyageurs du vide.

Le vulgaire ne connaît, n'admire guère qu'une seule chose, en fait d'astronomie théorique : c'est la prédiction exacte et le retour ponctuel des éclipses. Il n'y a que les résultats matériels qui le frappent. Un jour un savant, dont le nom était encore peu populaire, M. Leverrier, par la seule puissance du calcul, appliquée à la cause des perturbations d'Uranus, parvient à indiquer l'instant précis où, sur tel point de la voûte céleste, doit se rencontrer une planète encore inconnue, de tel volume, de tel poids. Sur ces indications, un astronome de Berlin met l'œil à sa lunette et aperçoit Neptune.

Ce tour de force du calcul a fait peut-être autant de sensation parmi le vulgaire, que sous le dôme de l'Académie des sciences, parce que tout le monde a pu saisir de suite le côté pittoresque de cette découverte imprévue. Les mathématiciens seuls ont su apprécier les pages de chiffres qui l'ont produite ; le bourgeois parisien s'est incliné de confiance devant la conséquence inattaquable de ces chiffres, parce qu'elle avait signalé un corps matériel palpable au sens de la vue, et il a applaudi aux honneurs accordés au révélateur théorique de Neptune.

Mais combien d'autres calculs aussi savants ont trouvé la bourgeoisie indifférente ! C'est qu'ils n'aboutissaient pas à une solution qui tombât sous les sens. Il n'y a point de milieu : pour émouvoir le *profanum vulgus* (les *gens du monde*, comme on traduit de nos jours), il faut ou une conclusion qui révèle un fait nouveau, visible, positif, ou une audacieuse mystification.

L'avouerai-je ? je ressemble un peu trop à ces oisifs et intermittents admirateurs de l'astronomie. J'effleure tous les livres de nos savants, pour en

extraire çà et là quelques faits merveilleux, faciles
à retenir ; je me complais à entrevoir à travers un
vague mystérieux les rouages du système de notre
monde, mais la moindre exhalaison algébrique me
met en fuite, comme l'approche des frimas chasse
les hirondelles. J'admire et j'accepte toute idée
scientifique qui a de l'éclat, de l'imprévu ; j'ap-
plaudis de tout cœur à la découverte d'une nouvelle planète, mais je me soucie peu d'en vérifier
l'existence, pour peu que sa petitesse ou son éloignement la réduise à un point à peine appréciable.

C'est pour les esprits superficiels comme le mien
que j'écris ces lignes ; aussi ne prendrai-je aucune
précaution pour masquer mon ignorance, car je
ne veux tromper personne. Seulement quand je
cause d'astronomie, je fais les efforts les plus sin-
cères pour ne jamais substituer aux règles établies
par la science les écarts de mon imagination.

J'ai donc foi dans l'astronomie moderne, d'autant plus que je ne saurais contrôler les faits sur
lesquels elle s'appuie. J'ai l'intime et confiante
persuasion que notre globe roule avec régularité
dans l'espace, d'abord sur lui-même, ensuite autour du soleil ; mais je m'afflige naïvement de ce
que la terre n'occupe pas le centre de notre monde,
la place même du soleil, parce que tout le système
manœuvrerait sous mes yeux, sans presque exiger
d'efforts intellectuels. Au lieu de m'offrir cette

simplicité de mouvements, la science me présente
un écheveau fort difficile à débrouiller à qui ne
sait en tenir sans cesse le bon bout.

De la non-centralité de la place assignée à notre
globe, il résulte qu'à nos yeux les autres planètes
paraissent tantôt stationnaires, tantôt rétrogra-
des. L'astronome amateur se sent tout d'abord
rebuté par cette complication toute naturelle, mais
il devra en accepter bien d'autres! Les orbites des
planètes, qu'il est porté à croire circulaires, sont
un peu elliptiques ; ces planètes éprouvent, dans
leur marche, des perturbations dues à leurs excen-
tricités et à leurs attractions réciproques. La lune
tourne autour de nous, en formant des zigzags
comme un homme ivre ; enfin, tous les astres, par
suite de la réfraction atmosphérique et du temps
que leur lumière met à nous parvenir, ne sont jamais en réalité où ils paraissent être.

Il apprendra bientôt, autre embarras! que les
étoiles ne sont pas précisément *fixes;* que l'axe de
la terre n'a pas une stabilité parfaite ; que la marche apparente du soleil ne correspond plus aujour-
d'hui aux mêmes signes du zodiaque qu'autrefois ;
enfin, que tout notre système planétaire fait partie
de la voie lactée, et se transporte tout entier vers
un certain point de l'espace : c'est à en perdre la
tête !

J'ai surtout en aversion cette maudite ligne

zodiacale, qui coupe obliquement l'équateur, route imaginaire que semble suivre le soleil et qu'on nomme l'écliptique. C'est en partie cette fâcheuse inclinaison de la terre sur la ligne de son orbite qui embrouille toutes les idées de l'astronome amateur. Sa mémoire s'épuise à retenir, à faire concorder toutes les conséquences qui en dérivent.

Pour ma part, je donnerais beaucoup pour que le soleil parût suivre une marche parallèle au plan qui sépare notre globe en deux hémisphères égaux. Il n'y aurait plus, à la vérité, qu'une seule saison en chaque lieu : ce serait peut-être un peu mono-tone, mais quel avantage, sous le rapport de la simplification des mouvements de notre planète!

Est-il sûr que tous les rouages dont l'ensemble constitue notre machine planétaire aient été si bien étudiés que la science soit aujourd'hui à l'abri de toute objection? Tous les savants paraissent d'ac-cord sur un point : la terre tourne sur elle-même en vingt-quatre heures (moins quatre minutes), d'occident en orient, de manière à donner au soleil, qui reste fixe, quoiqu'il ait sa propre rotation, une marche apparente en sens contraire. Cette vérité me paraît incontestable, et, de ce côté, je dors, comme on dit, sur les deux oreilles; mais je ne saurais avoir la même sécurité à l'égard du second mouvement de notre globe, savoir : sa translation en trois cent soixante-cinq jours et un quart envi-

ron, autour du soleil, suivant la ligne d'un grand
cercle un peu elliptique. En quel sens parcourons-
nous, vous et moi, ce grand cercle nommé l'orbite
de la terre? Est-ce encore d'*occident* en *orient*,
c'est-à-dire de *droite* à *gauche*, quand nous regar-
dons le soleil à midi?

Selon la plupart des astronomes, cette révolution
s'opère, en effet, dans le même sens que celui de
la rotation diurne, et toutes les autres planètes,
ainsi que leurs satellites, suivent une impulsion
identique autour de l'astre central, dont elles font
le tour, dans un espace de temps proportionné à
la distance qui les en sépare.

En somme, j'étais assez satisfait du peu que
j'avais retenu de l'allure générale et uniforme de
nos planètes (à l'exception, toutefois, des satellites
d'Uranus, qui ont eu l'idée d'aller à reculons),
quand un jour j'aperçus aux vitres d'un libraire
une brochure que j'acquis avec d'autant plus d'empressement que le nom de l'auteur me rappelait
un ami de collége.

Son livre est peut-être non orthodoxe, mais il
est curieux en ce qu'il contredit la science et veut
l'obliger à changer la marche des planètes. *L'As-*
tronomie nouvelle de M. Charles Emmanuel étant le
dernier traité que j'ai lu, je ne demanderais pas
mieux que de lui accorder toute ma confiance;

mais comme il détruit par la base la théorie que professe l'école de l'astronomie moderne, je sens naître en moi naturellement, sur ce point, quelques scrupules.

Le but de l'ouvrage, c'est de prouver que toutes les planètes et leurs accessoires courent autour du soleil, leur *unique* moteur, *d'orient en occident*, et non en sens contraire, comme le soutient la science[1].

Ce nouveau système est fondé surtout sur ce fait, que le sens de l'orientation doit se retourner de douze en douze heures, par rapport à la rotation diurne de la terre, et de six en six mois quand il s'agit de la révolution annuelle de notre globe autour du soleil.

Ce livre, bien écrit, dans un style professoral et tranchant, peut être contagieux. Il n'y a point de milieu : c'est une œuvre de la plus haute importance ou le produit d'une hallucination. L'auteur met en avant, à chaque page, d'incontestables vérités; mais les conséquences qu'il en tire sont-elles justes? Voilà la question que je ne saurais résoudre, tant je suis sujet à m'embrouiller dès qu'il faut raisonner sur la théorie des mouvements circulaires compliqués.

[1] Cette idée a déjà, je crois, été émise, mais sans preuves ni développements et sous forme d'une timide hypothèse : M. Emmanuel l'a discutée à fond.

Cette révolte de mon intelligence a peut-être sa source dans une cause toute matérielle. Si je me hasardais à valser, j'éprouverais de suite des étourdissements fort douloureux. Il me suffit même de voir les autres tourner pour ressentir un malaise analogue. Aussi, si je visite jamais Constantinople, me garderai-je bien d'aller, à l'exemple de M. Théophile Gautier, voir pirouetter des derviches.

Or, cette antipathie pour tout ce qui tourbillonne au physique s'étend jusqu'à ma *sensitivité* morale. Rien qu'à suivre un raisonnement sur la révolution circulaire des planètes, mes idées se troublent, et je ne lis plus que des mots. C'est ce qui m'est arrivé en cette occasion : il m'a été impossible de saisir, au milieu d'une indéfinissable fatigue et de distractions involontaires, les arguments peut-être victorieux de M. Emmanuel. Je le regrette d'autant plus que son système, comme il l'assure, dépouillerait l'astronomie de bien des complications; c'est me prendre par mon faible, et je serais ravi d'apprendre qu'il a raison.

A coup sûr, il doit se trouver dans son livre quelques objections bien fondées contre la science; telle est celle-ci, à laquelle j'ai toujours adhéré : tous nos astronomes s'accordent à dire que la rotation du soleil a lieu dans le même sens que celle des planètes, d'occident en orient, et, d'autre part,

23

ils assurent que ses taches, qui doivent faire partie de sa masse, tournent en sens opposé [1]. Y a-t-il là un effet réel ou apparent? Je l'avoue : ma raison est choquée de deux assertions si contradictoires; mais je sens que je n'ai pas assez approfondi le mécanisme de notre univers pour avoir droit de me prononcer.

Notre globe ne peut, ce me semble, parcourir la ligne de son orbite que dans le sens de sa rotation. Est-ce un effet de l'habitude où je suis de voir une boule de billard ou une roue de carrosse avancer nécessairement dans cette condition? La terre, il est vrai, vu son isolement dans l'espace, se trouve dans une condition différente. Si, en tournant, elle appuyait par un point sur un plan solide, à coup sûr elle devrait décrire son orbite dans le sens de sa rotation, sous peine de ne plus tourner; mais le cas est tout autre, puisqu'elle est placée dans le vide.

En vérité il me tarde de voir se dissiper mon incertitude, d'entendre un savant haut placé se prononcer pour ou contre le susdit livre. Si je n'en avais pas lu d'autres, je serais fort tranquille, et familiarisé avec ses vérités ou avec ses erreurs.

---

[1] Il est tout à fait probable que nos astronomes parlent ici du soleil vu dans sa position normale, et non à travers la lunette astronomique, qui en renverse l'image.

Aussi j'attends, avec presque autant d'impatience que l'auteur, le jour (vainement sollicité par lui) où une commission de l'Académie des sciences déclarera, preuves en main, la justesse ou l'absurdité d'un système professé publiquement.

Un certain mécanicien anglais, David Moshet (Voy. le *Mon. univ.* du 9 déc. 1854), s'est avisé dernièrement de troubler mon repos, au sujet de la rotation de la lune. Je m'étais habitué avec plaisir à voir toujours la même face, pleine de bonhomie, de notre satellite, et je goûtais avec calme cette explication : « L'immobilité apparente de la lune « est la meilleure preuve de sa rotation : elle « tourne sur elle-même assez lentement pour ache- « ver cette rotation, juste pendant le temps qu'elle « fait le tour de la terre. » Une figure, à mon avis fort claire, venait à l'appui de cet argument, qu'il me semblait comprendre fort bien, quand ce taquin de M. Moshet vint m'apprendre que la lune ne pouvait se comporter ainsi, « parce qu'on ne « pourrait le démontrer mécaniquement, au moyen « d'un modèle en bois. » Heureusement, ce hardi contradicteur n'ayant pas, dans son article (inséré dans le *Mechanics' Magazine*), fourni la moindre preuve que la lune pût, sans rotation, se soutenir dans l'espace, je me suis dit : il y a là quelque méprise, et j'ai continué à admettre l'interprétation, illustrée de planches, de nos astronomes.

En France, quelques milliers de particuliers, indépendants par leur position et sans occupations fixes, ont un temps illimité à donner aux études de tout genre. Parmi ces *malheureux* oisifs, contraints par un besoin inné d'occuper leur imagination et leur intelligence, de se livrer à un travail quelconque d'esprit ou de corps, pour échapper au fardeau de l'ennui, il en est, et c'est le plus grand nombre, qui cherchent un remède à l'inaction dans le tourbillon des bals, des spectacles, des festins raffinés, dans les intrigues d'amour ou de politique; d'autres, plus sérieux, moins matériels dans leurs goûts, demandent aux arts, à l'histoire ou à la botanique, etc., de plus nobles occupations. Ils deviennent collectionneurs de livres, de tableaux, d'estampes, d'antiquités ou de plantes rares, et finissent par produire quelques brochures, plus ou moins instructives, sur l'objet de leurs goûts favoris; mais aucun, du moins à ma connaissance, n'a l'idée de se livrer à l'astronomie, surtout à l'astronomie pratique.

Je crois en trouver une preuve dans cette circonstance que nos habiles opticiens vendent fort peu de lunettes puissantes à des particuliers [1], et, dans cette autre, qu'on ne voit presque jamais figurer

[1] Le peu de débit en France des grandes lunettes, est une des causes principales de l'élévation de leur prix.

d'instruments d'astronomie dans ces nombreuses
ventes de riches mobiliers, où brillent les tableaux,
les chinoiseries et les antiquités du moyen âge. Je
ne me souviens pas non plus d'avoir rencontré,
dans mes excursions bibliophiliques, la moindre
brochure sérieuse sur l'astronomie, publiée dans
notre siècle, par un amateur bourgeois. Tout ce
que j'ai vu en ce genre était signé de noms de savants par état.

J'ai conclu de tous ces faits que bien peu de
riches oisifs (il doit y avoir des exceptions que je
ne pourrais signaler) appliquent à l'étude du ciel
le besoin d'exercer, sur un but quel qu'il soit, leur
imagination et leurs forces intellectuelles.

En général, les jeunes gens qui n'embrassent
aucune profession et ne recherchent aucun emploi se trouvent parmi ceux qui ont reçu une édu-
cation purement littéraire. Ceux, au contraire, que
leurs parents ont dirigés spécialement vers les
sciences, se destinent à des occupations actives et
pratiques. Ils deviennent professeurs ou ingénieurs
dans l'armée, la marine ou la haute industrie. Rarement un élève de l'Ecole polytechnique renonce
à tirer parti de ses études spéciales pour entrer dans
une vie de loisir et d'indépendance ; il se fait,
comme on dit, une carrière. Assurément, s'il voulait se mêler d'astronomie à titre d'amateur, il
pourrait s'en acquitter avec profit pour la science,

23.

mais il préfère un état positif à une occupation non lucrative.

C'est donc dans une autre classe qu'il nous faudra chercher notre astronome-amateur, dans celle de ces jeunes gens dont les études ont abouti au baccalauréat ès lettres, celle qui produit surtout des littérateurs en tout genre, historiens, poëtes, archéologues et romanciers. L'astronome-amateur peut-il être aussi un produit de cette classe?

Le goût de l'astronomie comme occupation *bourgeoise*, volontaire et sans profit pécuniaire, doit être chez nous une exception rare, puisque les mathématiciens sérieux se casent tous, je le répète, dans les administrations ou les grands établissements de l'Etat. Or, les littérateurs ont toujours été, dès l'époque du collége, séparés des aspirants aux sciences par une ligne de démarcation bien tranchée, par une sorte d'antipathie particulière. Un poëte a l'habitude de dire : Froid comme un mathématicien ; celui-ci, de répondre : Visionnaire comme un poëte.

Celui-là seul, qui aura joint à l'étude des belles-lettres une portion des connaissances qu'on enseigne à l'Ecole polytechnique, et qui possédera une fortune assez indépendante pour se réserver l'emploi de ses loisirs, celui-là surtout aura la chance de devenir l'homme que nous cherchons.

L'astronomie est assurément susceptible, comme les arts, mais sous certaines conditions, de recruter des partisans parmi les hommes de loisir. Voici, je crois, par quels moyens elle opérera quelques conversions. D'abord, il faut qu'elle se dépouille de son masque sévère et s'abaisse réellement, si la chose est praticable, à la portée des gens du monde. Depuis bien des années, elle a produit, dans ce but, des ouvrages qui ne l'ont pas encore atteint. Un des princes de la science, M. Arago lui-même, nous a légué une *Astronomie populaire*. La réussite sera-t-elle complète ? J'ai peine à le croire ; son livre s'explique en termes encore trop scientifiques, pour attirer à lui les personnes tout à fait étrangères à l'étude du ciel. Pour qu'il séduisît et entraînât l'insouciante bourgeoisie, il eût fallu que l'auteur lui donnât la forme si attrayante des *Entretiens* de Fontenelle. M. Arago possédait toutes les qualités que réclame un chef d'œuvre en ce genre, la science et l'esprit. Aussi je regrette qu'il n'ait pas ressuscité la *marquise* de Fontenelle, pour la mettre au courant de l'astronomie moderne. Son livre ne pourra être compris que des demi-savants.

La constitution physique des planètes les plus voisines de notre globe est encore peu connue, et c'est là pourtant le côté de l'astronomie qui charme le plus l'imagination du vulgaire. C'est d'abord vers cette branche, la plus *pittoresque* de la science, que l'astronome-amateur *naissant* aimerait à diriger ses recherches. Or, l'obtention de quelques vérités nouvelles, sur cette matière, dépend de la puissance des télescopes. Les importantes découvertes en ce genre sont dues aux plus grandes lunettes, comme les victoires décisives aux plus gros bataillons. Il faudrait qu'il eût sous la main un puissant auxiliaire de la vision ; mais tout le monde n'a pas les bank-notes qui ont payé le télescope monstre de lord Ross.

A mon avis, c'est donc par l'imagination, que le goût (le caprice, si l'on préfère) de l'astronomie peut d'abord pénétrer dans le cerveau d'un homme de loisir, et ce n'est que plus tard que ce goût envahira le domaine de son intelligence. Une âme désœuvrée demande un travail qui ait tout l'attrait d'une jouissance ; elle accepte volontiers une occupation qui commence par stimuler vivement sa curiosité.

Plus d'un de nos jeunes gens oisifs deviendrait, je crois, amateur d'astronomie si l'on mettait à sa disposition une puissante lunette. Il s'en amuserait d'abord comme un enfant d'un jouet nouveau ; mais la science elle-même tarderait peu à devenir pour lui un besoin. N'oublions pas que W. Herschel a débuté en amateur, dans la carrière qu'il a si brillamment illustrée, par le maniement d'un télescope que le hasard avait placé sous sa main.

En Angleterre, en Allemagne, en Amérique, se trouvent, dit-on, un assez grand nombre de petits observatoires particuliers, sortes de succursales aux observatoires de l'Etat, établies par des fortunes privées. Existe-t-il dans nos provinces, ou à Paris même, des établissements du même genre ? je n'en ai aucune connaissance. A Paris, quelques opticiens ont, pour essayer leurs instruments, des simulacres d'observatoires, mais je n'ai jamais appris qu'un personnage de la haute finance ou du faubourg Saint-Germain en eût fait construire un au fond de son jardin, ou sur les terrasses de son hôtel.

On redoute trop, chez nous, les études sérieuses, qui exigent de l'assiduité et une pratique assez pénible. Assister aux ventes et visiter les boutiques du quai Voltaire, c'est un travail qui porte en lui-même ses moyens de distraction. On prend de l'exercice, tout en cherchant un livre inconnu, un insecte du Brésil ou une médaille rarissime. Mais épier une découverte dans le ciel, mais chasser aux planètes, c'est un métier pénible, qui oblige au repos en plein air. Il s'agit ici de passer des nuits à la belle étoile, pour surprendre au passage un phénomène, qu'un maudit nuage peut vous ravir au moment le plus intéressant.

D'ailleurs, dans cette carrière, comme en toute autre, n'a-t-on pas à redouter un rival sans pitié qui, surgissant tout à coup d'un coin de l'Allemagne ou du fond de l'Amérique, viendra vous arracher votre petite planète, votre comète plus ou moins chevelue? Une jouissance si incertaine, se dira-t-on, une gloriole si précaire, balancent-elles la chance de sentir se raviver d'anciens rhumatismes assoupis?

Il est un moyen de parer aux inconvénients du plein air, mais il n'est pas permis à tous de s'en passer la fantaisie : c'est d'avoir, comme les grands observatoires, une lunette parallactique qui marche seule, établie au milieu d'un pavillon tournant. Grâce à ce moyen, l'observateur ami de ses aises, renversé sur un moelleux divan, le régalia à la bouche, peut attendre avec patience l'heure où l'astre désiré fera son apparition.

Mais combien de gens du monde, mît-on, même sans frais, tout ce confortable à leur service, ne consentiraient jamais à regarder cinq minutes de suite dans un oculaire! C'est qu'avant tout il faut posséder le feu sacré de la science, c'est qu'il faut être, par sa nature, à l'exemple des prêtres de l'antique Égypte, porté vers l'adoration des astres.

Il est nécessaire, à Paris, pour jouir d'un vaste horizon, d'être propriétaire d'un grand jardin, sans arbres trop robustes, ou d'une maison très-élevée,

que termine une large plate-forme. Nos million-
naires pourraient se passer en grand le goût de
l'astronomie; mais ils ont bien d'autres jouissances, bien d'autres succès d'amour-propre à pour-
suivre! Quant au petit rentier, qui ferait volontiers
de l'astronomie par désœuvrement, il calcule ainsi :
un observatoire commode et muni de tous ses accessoires coûterait, outre les frais du local, quelque chose comme une trentaine de mille francs.
J'aime mieux avoir un petit châlet, en belle vue, à
Montmorency; et il achète le châlet. Il est vrai
que l'observatoire serait assez bien placé à côté
de cette demeure champêtre; mais les fonds manquent, et le projet en est remis à une époque tout
à fait hypothétique, à *l'an mil huit cent jamais*,
pour me servir d'une expression populaire assez
originale.

Le Parisien, en général, redoute, avant tout,
l'embarras et les études compliquées. Quant aux
provinciaux, ils ont à cœur d'imiter le Parisien :
il faut nécessairement que le Parisien commence.
Or voici, dans mon idée, un moyen de créer une
pépinière d'astronomes amateurs. Ami zélé des
sciences, mais non savant, je serais charmé, pour
mon compte, de voir se former en quelque quartier tranquille de la capitale, par voie d'actions ou
de souscription, un établissement où, moyennant
deux ou trois cents francs d'abonnement annuel,

j'aurais mon entrée libre dans des salles munies de lunettes puissantes, de globes célestes et d'autres accessoires astronomiques. Un petit amphithéâtre où un professeur ferait un cours, le plus *populaire* possible, aurait pour plafond un dôme représentant la voûte de notre hémisphère céleste. On y verrait figurer, avec leurs distances respectives, les constellations visibles sur l'horizon de Paris. Sur une plate-forme élevée serait établi un pavillon spécial pour les observations. Quand l'état du ciel le permettrait, les abonnés, les actionnaires, si l'on veut, viendraient, non pas réclamer leurs dividendes, mais vérifier les phénomènes célestes.

Les vrais amateurs, objectera-t-on, ne sauraient se contenter d'un regard jeté en passant sur une planète; ils voudraient faire des observations continues, passer (au grand regret de leur femme) des nuits entières dans leur observatoire de louage. Là, je l'avoue, commencent les difficultés de mon projet; s'il se trouve plus d'observateurs zélés que de télescopes disponibles, voilà l'établissement qui ne peut remplir ses promesses qu'à la condition de multiplier ses frais.

Le projet serait plus facile à réaliser si l'on réussissait à inventer un instrument mû par un mouvement d'horlogerie, qui, à la manière d'une fantasmagorie, amènerait sur un fond blanc l'image

des corps célestes, assez amplifiée pour que toute
une assemblée pût contempler simultanément les
détails de leur constitution physique. Un pareil
instrument est-il chimérique, inexécutable? Je
l'ignore; mais, s'il existait, mon projet serait non-
seulement réalisable, mais tarderait peu, je crois,
à s'accomplir et à se populariser, grâce à une as-
sociation de capitalistes, d'opticiens et d'amateurs
des sciences.

Pour être franc, je dois dire qu'un établissement
analogue, qui n'avait point pour but l'astronomie,
s'est formé en 1848, dans la partie du passage
Jouffroy où est aujourd'hui le bazar. On expli-
quait au milieu d'un jardin, et les modèles sous
les yeux, les effets du télégraphe électrique, de la
force centrifuge, etc. Cette tentative scientifique
n'a point réussi. Il est juste d'ajouter que la dé-
monstration des études physiques, installée au
centre des concerts et des bals échevelés, avait
peu de chances de succès. Ce n'est pas avec une
femme endimanchée au bras qu'on entrerait dans
mon *Casino*, dans mon *Cercle astronomique*, si l'on
préfère. On n'y rencontrerait que de graves per-
sonnages, français ou étrangers.

Ce Cercle remplacerait, au moins avec avantage, ces montreurs de planètes en plein vent
établis certains soirs sur les places du Pont-Neuf,
du Châtelet, de la Bourse et de la Concorde.

24

De cet établissement, que les grandes villes de province pourraient prendre pour modèle, pour peu que les préfets encourageassent les fondateurs, sortiraient peut-être un jour un ou plusieurs Herschel, qui, faute de cette ressource, seraient restés inconnus. Le principal Observatoire de la France y trouverait, sans aucun doute, un peu d'aide dans ses travaux, encore mal appréciés du vulgaire; peut-être aussi de dignes recrues.

A Paris, m'objectera-t-on, il ne manque pas de leçons publiques d'astronomie : il y a la Sorbonne et le Collége de France. D'accord; mais, ce qui fait défaut, c'est un observatoire de fondation privée, pourvu de bons instruments, et mis à la disposition des amateurs, trop peu savants pour être admis à l'Observatoire de l'État, trop pauvres pour s'en créer un particulier, mais assez riches pour payer chaque année un abonnement d'entrée dans un établissement spécial.

FIN.

TABLE DES MATIÈRES.

—

FIN DE LA TABLE.

www.ingramcontent.com/pod-product-compliance
Lightning Source LLC
Chambersburg PA
CBHW070241200326
41518CB00010B/1639